EDA 应用技术

高频高速电路设计与仿真分析实例

周润景 刘 浩 杜文阔 著

电子工业出版社
Publishing House of Electronics Industry
北京·BEIJING

内 容 简 介

本书介绍了 Rainbow Studio 9.0 电磁仿真软件的使用方法，不仅讲解了电磁场基础知识及其数值计算方法，还介绍了大量的仿真实例。本书涉及有限元、边界元、物理光学等多个算法引擎下的天线设计、微波/毫米波电路器件、雷达散射、电磁兼容与干扰、复杂电磁环境评估、射频电路芯片设计、PCB 设计、过程弹跳射线追踪、电磁导航仿真系统、三维版图设计、三维准静态仿真分析验证等领域。为便于读者阅读、学习，特提供与本书配套的工程文件及操作视频文件，请访问华信教育资源网下载相关资源文件。

本书适合从事天线、射频、微波及电磁相关设计和特性研究的工程技术人员阅读使用，既可以作为电子、通信、航天、军工等领域的工程分析参考用书，也可作为高等学校相关专业计算电磁学和 Rainbow 系列软件的教学用书。

未经许可，不得以任何方式复制或抄袭本书之部分或全部内容。
版权所有，侵权必究。

图书在版编目（CIP）数据

高频高速电路设计与仿真分析实例 / 周润景，刘浩，杜文阔著. —北京：电子工业出版社，2021.6
（EDA 应用技术）
ISBN 978-7-121-41363-6

Ⅰ. ①高… Ⅱ. ①周… ②刘… ③杜… Ⅲ. ①电路设计－计算机仿真 Ⅳ. ①TM02

中国版本图书馆 CIP 数据核字（2021）第 117109 号

责任编辑：张　剑　　　　特约编辑：田学清
印　　刷：三河市双峰印刷装订有限公司
装　　订：三河市双峰印刷装订有限公司
出版发行：电子工业出版社
　　　　　北京市海淀区万寿路 173 信箱　　邮编：100036
开　　本：787×1092　1/16　印张：23.75　字数：608 千字
版　　次：2021 年 6 月第 1 版
印　　次：2021 年 6 月第 1 次印刷
定　　价：118.00 元

凡所购买电子工业出版社图书有缺损问题，请向购买书店调换。若书店售缺，请与本社发行部联系，联系及邮购电话：（010）88254888，88258888。
质量投诉请发邮件至 zlts@phei.com.cn，盗版侵权举报请发邮件至 dbqq@phei.com.cn。
本书咨询联系方式：zhang@phei.com.cn。

序 言

自建立麦克斯韦方程组及赫兹实验证实电磁波以来，电磁场与电磁波理论得到了持续的丰富和发展。特别是在1896年，马可尼以电磁波作为载体传输信息的实验，开启了波澜壮阔的无线电应用历史，电报、雷达、移动通信、射电天文、遥感、导航、全球定位等各种无线电应用层出不穷。近年来，5G通信的全面商用引领了万物互联的大潮流，推动了通信技术和相关产业链的巨大进步。

众所周知，EDA工具是设计和实现各种无线电系统的基础，也是我国目前比较严重的短板领域之一。开发自主知识产权的高效电子设计EDA工具软件已成为国家战略目标，期望在不久的将来，我国能在EDA领域实现完全自主可控。

无锡飞谱电子信息技术有限公司是一家专注发展国产EDA/CAE软件的公司，经过多年的发展和产品迭代，基于电磁场核心算法开发的专业软件工具已能够为芯片设计与制造、高速封装与集成、天线设计与布局、雷达隐身与探测等产品的开发提供快速、先进的仿真设计与分析验证，并且已广泛应用于集成电路、通信系统、国防航空、汽车电子等工业领域。

本书是无锡飞谱电子信息技术有限公司的研发人员关于Rainbow系列软件在电磁场基础、算法、软件实现和应用等方面的全面介绍，可作为广大天线、射频、微波、电磁及集成电路领域的工程技术人员的参考资料，以及高校相关专业的教材，为我国电磁、微波和集成电路领域的科研创新提供专业的仿真验证参考。

洪 伟

东南大学毫米波国家重点实验室主任

教育部"长江学者奖励计划"特聘教授、IEEE Fellow

2020年12月5日

前 言

随着无线通信行业的不断发展，对设计的要求也在不断提高。如何提高系统性能、降低成本和缩短研制周期，已经成为设计者需要解决的主要问题。传统的基于工程经验或预估近似的设计方法已经无法满足实际工程的要求，而以电磁场仿真技术为基础的电子设计自动化（EDA）软件已经成为研发人员必不可少的工具，EDA 几乎覆盖了通信系统设计的各个环节，包括半导体集成电路、系统集成和天线设计等整个过程。基于物理原型的电磁场仿真软件解决方案能够准确地仿真和验证设计原型，可以使设计仿真结果与实验测试结果基本相同，从而大大缩短了产品的研制周期、降低了研制费用。目前，此类软件已经广泛应用于国防、航空、航天、汽车、船舶及机电系统设计中。

Rainbow 系列电磁仿真软件是由无锡飞谱电子信息技术有限公司自主研发的三维电磁场全波分析仿真软件，它具有强大的几何建模功能、创新的电磁算法和优化技术，以及丰富的图表显示功能，为设计者提供了功能全面、易于使用的一体化集成操作环境。Rainbow 系列软件包含有限元、边界元、物理光学等多个算法引擎，具备从射频到太赫兹应用领域、从电学小尺寸到电学大尺寸的复杂模型的仿真分析能力，必将成为国产 EDA/CAE 核心软件中的重要一员，为解决国内高科技领域的关键难题贡献力量。

本书基于 Rainbow Studio 9.0 软件，通过大量实例，详细介绍了 Rainbow 系列软件的使用方法、建模过程及结果分析等。

第 1 章介绍了电磁场基础与数值计算方法，包括麦克斯韦方程组、求解域和阻抗的边界条件、计算电磁学的典型算法等内容。

第 2 章介绍了 Rainbow Studio 软件的基本操作，包括安装软件及申请许可证的操作流程、软件的操作界面、各工具栏的功能，以及如何设置端口激励、网格和边界条件等内容。

第 3 章介绍了 BEM 仿真实例，通过反射抛物面天线等实例讲解在 Rainbow-BEM3D 模块中进行建模及仿真的方法，以及对求解完成的几何模型进行结果分析的方法。

第 4 章介绍了 FEM 仿真实例，讲解了 Rainbow-FEM3D 模块的基本使用流程，以及 Rainbow-Eigen 模块是如何计算并导出本征值的。

第 5 章介绍了 Layout 仿真实例，讲解了将 PCB 导入 Rainbow-Layout3D 模块的方法，以及在 Rainbow-Layout3D 模块中对 PCB 进行剪切并导出 FEM Model 项目的过程。

第 6 章介绍了 SBR 仿真实例，通过 Cavity 实例讲解了在 Rainbow-SBR 模块中建模并添加多层阻抗的方法，并在此基础上分析了仿真结果。

第 7 章介绍了 ENS 仿真实例，通过 Antenna 实例讲解了在 Rainbow-ENS 模块中添加导航方案的方法，并在此基础上分析了仿真结果。

本书由周润景、刘浩和杜文阔著。其中，刘浩和杜文阔共同完成了第 6 章的写作工作，周润景完成了其余章节的写作工作。全书由周润景统稿、定稿。

在本书编写过程中，得到了无锡飞谱电子信息技术有限公司的包善、周曙光与胡劲松等专家的大力支持，在此表示感谢。

为便于读者阅读、学习，特提供与本书配套的工程文件及操作视频文件，请访问华信教育资源网（https://www.hxedu.com.cn/）下载相关资源文件。读者如果需要试用软件、技术指导等服务，请直接联系无锡飞谱电子信息技术有限公司（0510-88575846，support@rst-em.com）。

由于 Rainbow 系列软件的功能非常强大，书中难免有疏漏和不足之处，欢迎读者批评指正。

著者
2020 年 12 月

目 录

第1章 电磁场基础与数值计算方法 1
  1.1 无线电波 1
  1.2 电磁场基本理论 2
  1.3 电磁场数值计算方法 3
      思考与练习 12

第2章 Rainbow Studio 软件的基本操作 13
  2.1 软件简介 13
  2.2 安装与卸载软件 14
    2.2.1 安装软件 14
    2.2.2 卸载软件 16
  2.3 快速指南 16
    2.3.1 启动程序 16
    2.3.2 创建工程 17
    2.3.3 导入并创建几何模型 18
    2.3.4 设置边界条件 18
    2.3.5 设置端口激励 18
    2.3.6 设置网格参数 19
    2.3.7 设置求解器参数与频率扫描范围 19
    2.3.8 启动仿真求解器 19
    2.3.9 仿真结果显示 19
    2.3.10 在线例子 20
    2.3.11 获得帮助 20
  2.4 用户界面 20
    2.4.1 菜单栏与工具栏 21
    2.4.2 工程管理面板 30
    2.4.3 属性编辑面板 31
    2.4.4 命令选项面板 31
    2.4.5 模型视图 31
    2.4.6 控制台面板 32
    2.4.7 脚本控制面板 32
    2.4.8 任务显示面板 33
  2.5 管理工程 33
    2.5.1 管理工程材料 33
    2.5.2 配置工程材料库 34
    2.5.3 添加工程材料 35

2.6 设计与几何建模 38
- 2.5.4 管理工程变量 36
- 2.6.1 建模环境介绍 38
- 2.6.2 建模相关的菜单和工具 38
- 2.6.3 模型工程管理树 38
- 2.6.4 建模基础概念 39
- 2.6.5 模型设置 42
- 2.6.6 视图操作 43
- 2.6.7 几何对象的编辑 44
- 2.6.8 基础几何的创建 44
- 2.6.9 衍生建模 56
- 2.6.10 对象转换 60
- 2.6.11 对象复制 62
- 2.6.12 布尔操作 63
- 2.6.13 几何修饰 65
- 2.6.14 创建空气盒 65

2.7 设置边界条件 66
- 2.7.1 设置理想电导体边界 66
- 2.7.2 设置理想磁导体边界 66
- 2.7.3 设置理想辐射边界 67
- 2.7.4 设置集总 RLC 边界 67
- 2.7.5 设置有限导体边界 67
- 2.7.6 设置常规阻抗边界 68
- 2.7.7 设置多层阻抗边界 68
- 2.7.8 设置优先级 69

2.8 设置端口激励 69
- 2.8.1 设置集总激励端口 69
- 2.8.2 设置波端口 70
- 2.8.3 设置平面波端口激励 70
- 2.8.4 设置等效远场辐射波 71
- 2.8.5 端口排序 72
- 2.8.6 场域强度 72
- 2.8.7 切换激励源的显示方式 73

2.9 设置网格剖分参数 73
- 2.9.1 设置初始网格控制参数 73
- 2.9.2 设置曲面逼近网格控制参数 73
- 2.9.3 设置几何顶点网格长度控制参数 74
- 2.9.4 设置几何边线网格长度控制参数 74
- 2.9.5 设置几何面网格长度控制参数 74
- 2.9.6 设置几何内部网格长度控制参数 75

2.10 仿真求解 ... 75
2.10.1 添加 FEM 求解器控制参数 ... 75
2.10.2 添加 BEM 求解器控制参数 ... 75
2.10.3 添加频率扫描参数 ... 76
2.10.4 模型的验证与求解 ... 77

2.11 仿真分析结果显示 ... 77
2.11.1 仿真分析网格显示 ... 77
2.11.2 仿真分析几何近场显示 ... 77
2.11.3 仿真分析远场显示 ... 78

2.12 仿真分析图表与报告 ... 79
2.12.1 图表的创建 ... 79
2.12.2 数据源过滤区域 ... 80
2.12.3 图表结果数据选择区域 ... 80
2.12.4 图表坐标系数据过滤区域 ... 81
2.12.5 图表视图显示 ... 81

2.13 定制脚本 ... 83
2.13.1 脚本导入 ... 84
2.13.2 Python 命令 ... 84
2.13.3 工程和 3D 模型的创建 ... 85
2.13.4 Rainbow 脚本接口 ... 86

思考与练习 ... 97

第 3 章 BEM 仿真实例 ... 98

3.1 矩形波导天线 ... 98
3.1.1 问题描述 ... 98
3.1.2 系统的启动 ... 99
3.1.3 创建文档与设计 ... 99
3.1.4 创建几何模型 ... 100
3.1.5 仿真模型设置 ... 103
3.1.6 仿真求解 ... 106
3.1.7 结果显示 ... 108

3.2 反射抛物面天线仿真实例——正对单反射抛物面天线 ... 110
3.2.1 问题描述 ... 110
3.2.2 系统的启动 ... 110
3.2.3 创建几何模型 ... 111
3.2.4 仿真模型设置 ... 117
3.2.5 仿真求解 ... 120
3.2.6 结果显示 ... 121

3.3 反射抛物面天线仿真实例——偏置单反射抛物面天线 ... 124
3.3.1 问题描述 ... 124

3.3.2 创建几何模型 ... 125
3.3.3 创建激励相对平移坐标系 ... 129
3.3.4 仿真模型设置 ... 130
3.3.5 仿真求解 ... 132
3.3.6 结果显示 ... 133
3.4 反射抛物面天线仿真实例——正对双反射抛物面天线 ... 135
  3.4.1 问题描述 ... 135
  3.4.2 系统的启动 ... 135
  3.4.3 创建 BEM 文档与设计 ... 136
  3.4.4 创建几何模型 ... 136
  3.4.5 仿真模型设置 ... 145
  3.4.6 仿真求解 ... 147
  3.4.7 结果显示 ... 148
3.5 RCS 仿真实例——NASA Almond ... 151
  3.5.1 问题描述 ... 151
  3.5.2 系统的启动 ... 152
  3.5.3 创建 BEM 文档与设计 ... 152
  3.5.4 创建几何模型 ... 153
  3.5.5 仿真模型设置 ... 159
  3.5.6 仿真求解 ... 161
  3.5.7 结果显示 ... 163
  3.5.8 参数扫描分析 ... 166
3.6 反射抛物面天线仿真实例——带馈源的单反射天线 ... 170
  3.6.1 问题描述 ... 170
  3.6.2 系统的启动 ... 170
  3.6.3 创建 BEM 文档与设计 ... 171
  3.6.4 创建几何模型 ... 171
  3.6.5 仿真模型设置 ... 177
  3.6.6 仿真求解 ... 179
  3.6.7 结果显示 ... 180
思考与练习 ... 183

第4章 FEM 仿真实例 ... 184

4.1 FEM 仿真实例——MagicT ... 184
  4.1.1 问题描述 ... 184
  4.1.2 系统的启动 ... 185
  4.1.3 创建几何模型 ... 186
  4.1.4 仿真模型设置 ... 189
  4.1.5 仿真求解 ... 193
  4.1.6 结果显示 ... 195
4.2 FEM 仿真实例——Dipole ... 198

		4.2.1 问题描述	198
		4.2.2 系统的启动	199
		4.2.3 创建几何模型	200
		4.2.4 仿真模型设置	205
		4.2.5 仿真求解	207
		4.2.6 结果显示	210
	4.3	FEM 仿真实例——低通滤波器	212
		4.3.1 问题描述	212
		4.3.2 系统的启动	213
		4.3.3 创建几何模型	214
		4.3.4 仿真模型设置	220
		4.3.5 仿真求解	224
		4.3.6 结果显示	226
	4.4	天线仿真实例——八木天线	227
		4.4.1 问题描述	227
		4.4.2 系统的启动	228
		4.4.3 创建几何模型	229
		4.4.4 仿真模型设置	238
		4.4.5 仿真求解	241
		4.4.6 结果显示	243
	4.5	FEM 仿真实例——射频连接器	248
		4.5.1 问题描述	248
		4.5.2 系统的启动	248
		4.5.3 创建几何模型	250
		4.5.4 仿真模型设置	260
		4.5.5 仿真求解	261
		4.5.6 结果显示	263
	4.6	Eigen 仿真实例——同轴谐振器	266
		4.6.1 问题描述	266
		4.6.2 系统的启动	266
		4.6.3 创建几何模型	268
		4.6.4 仿真模型设置	273
		4.6.5 仿真求解	274
		4.6.6 结果显示	276
	思考与练习		281
第5章	Layout 仿真实例		282
	5.1	ODB++ Inside 的导出流程	282
	5.2	Layout 仿真实例——CdsRouted	287
		5.2.1 问题描述	287

	5.2.2	系统的启动	288

- 5.2.2 系统的启动 288
- 5.2.3 创建 Layout 文档与设计 288
- 5.2.4 导入几何对象 289
- 5.2.5 FEM3D 模型的剪切设置 290
- 5.2.6 剪切模型的导出 296
- 5.2.7 仿真模型设置 297
- 5.2.8 仿真求解 300

5.3 Layout 仿真实例——SFP 高速通道仿真与测试 302
- 5.3.1 问题描述 302
- 5.3.2 系统的启动 303
- 5.3.3 创建 Layout 文档与设计 303
- 5.3.4 导入几何对象 304
- 5.3.5 FEM3D 模型的剪切设置 305
- 5.3.6 剪切模型的导出 310
- 5.3.7 仿真模型设置 311
- 5.3.8 仿真求解 316

5.4 Layout 仿真实例——PCIE 仿真与测试 318
- 5.4.1 问题描述 318
- 5.4.2 系统的启动 319
- 5.4.3 创建 Layout 文档与设计 319
- 5.4.4 导入几何对象 320
- 5.4.5 FEM3D 模型的剪切设置 321
- 5.4.6 剪切模型的导出 327
- 5.4.7 仿真模型设置 328
- 5.4.8 仿真求解 332

思考与练习 333

第 6 章 SBR 仿真实例 334

6.1 概述 334

6.2 SBR 仿真实例——Cavity 335
- 6.2.1 问题描述 335
- 6.2.2 系统启动 335
- 6.2.3 创建 SBR 文档与设计 336
- 6.2.4 创建几何模型 336
- 6.2.5 仿真模型设置 339
- 6.2.6 仿真求解 344
- 6.2.7 结果显示 345

思考与练习 348

第 7 章 ENS 仿真实例 349

7.1 概述 349

7.2 ENS 仿真实例——Antenna 349
 7.2.1 问题描述 349
 7.2.2 系统的启动 350
 7.2.3 创建 ENS 文档与设计 350
 7.2.4 创建几何模型 351
 7.2.5 仿真模型设置 357
 7.2.6 仿真 360
 7.2.7 求解 362
 7.2.8 结果显示 363
思考与练习 364

第 1 章 电磁场基础与数值计算方法

电可以生成磁,磁也能带来电,变化的电场和磁场构成了一个不可分离的统一的场,这就是电磁场,而变化的电磁场在空间的传播形成了电磁波,因此电磁波也常被称为电波。1864 年,英国科学家麦克斯韦在总结前人研究电磁现象的基础上建立了完整的电磁波理论。他确定了电磁波的存在,推导出电磁波与光具有相同传播速度的结论。1888 年,德国物理学家赫兹通过实验证实了电磁波的存在。之后,人们又进行了许多实验,不仅证明了光是一种电磁波,还发现了更多形式的电磁波,它们的本质完全相同,但是波长和频率有很大的差别。

1.1 无线电波

无线电波是指在自由空间(包括空气和真空)传播的射频频段的电磁波。无线电波的波长越短,相同时间内传输的信息就越多。

无线电波是一种电磁波,它以 TEM 波(横电磁波)的形式传播。电磁波包含很多种类,按照频率从低到高的顺序排列,分别为无线电波、红外线、可见光、紫外线、X 射线及 γ 射线。无线电波分布的频率为 3Hz~3000GHz。在这个频谱内,可以细分成 12 个频段,如表 1-1 所示。

表 1-1 无线电波频段的划分

波 段		频 率 范 围	波 长 范 围
极长波(ELF,极低频)		3~30Hz	10^5~10^4km
超长波(SLF,超低频)		30~300Hz	10^4~10^3km
特长波(ULF,特低频)		300~3000Hz	1000~100km
甚长波(VLF,甚低频)		3~30kHz	100~10km
长波(LF,低频)		30~300kHz	10~1km
中波(MF,中频)		300~3000kHz	1000~100m
短波(HF,高频)		3~30MHz	100~10m
超短波(VHF,甚高频)		30~300MHz	10~1m
微波	分米波(UHF,特高频)	300~3000MHz	10~1dm
	厘米波(SHF,超高频)	3~30GHz	10~1cm
	毫米波(EHF,极高频)	30~300GHz	10~1mm
	亚毫米波(THF)	300~3000GHz	1~0.1mm

射频(Radio Frequency,RF)表示可以辐射到空间的电磁波,其频率为 300kHz~300GHz,它是一种高频交变电磁波的简称。在日常生活中,人们接触的手机与基站及射频识别等应用均属于射频领域的问题。

微波是指频率为 300MHz~300GHz 的电磁波,它又是射频的较高频段。微波是无线电波中一个有限频带的简称,即波长为 1mm~1m 的电磁波,是分米波、厘米波、毫米波和亚毫米波的统称。微波频段的划分如表 1-2 所示。

表 1-2 微波频段的划分

波段代码	标称波长/cm	频率/GHz	波长/cm
L	22	1～2	15～30
S	10	2～4	7.5～15
C	5	4～8	3.75～7.5
X	3	8～12	2.5～3.75
Ku	2	12～18	1.67～2.5
K	1.25	18～27	1.11～1.67
Ka	0.8	27～40	0.75～1.11
U	0.6	40～60	0.5～0.75
V	0.4	60～80	0.375～0.5
W	0.3	80～100	0.3～0.375

1.2 电磁场基本理论

1. 麦克斯韦方程组

电磁场的规律可用麦克斯韦方程组表示,该方程组是英国科学家麦克斯韦对法拉第等人的实验成果的总结和发展。麦克斯韦方程组是描述宏观电磁场规律的基本方程,其微分形式可以表示为

$$\nabla \times \boldsymbol{E} = -\frac{\partial \boldsymbol{B}}{\partial t} \quad (\text{法拉第定律}) \tag{1-1}$$

$$\nabla \times \boldsymbol{H} = \boldsymbol{J} + \frac{\partial \boldsymbol{D}}{\partial t} \quad (\text{安培定律}) \tag{1-2}$$

$$\nabla \cdot \boldsymbol{D} = \rho \quad (\text{电位移高斯定律}) \tag{1-3}$$

$$\nabla \cdot \boldsymbol{B} = 0 \quad (\text{磁感应高斯定律}) \tag{1-4}$$

式中,$\boldsymbol{E}$ 为电场强度($V \cdot m^{-1}$);$\boldsymbol{D}$ 为电位移矢量($C \cdot m^{-2}$);$\boldsymbol{H}$ 为磁场强度($A \cdot m^{-1}$);$\boldsymbol{B}$ 为磁感应强度($Wb \cdot m^{-2}$);$\boldsymbol{J}$ 为电流密度($A \cdot m^{-2}$);ρ 为电荷密度($C \cdot m^{-3}$)。

由电荷守恒定律可以写出电流连续性方程:

$$\nabla \cdot \boldsymbol{J} = -\frac{\partial \rho}{\partial t} \tag{1-5}$$

在上述 5 个方程中,只有 3 个方程是独立的。对于时变电流,时变等效电流或时变等效磁流产生的电磁场问题往往采用式(1-1)和式(1-2)这两个方程,因为其他方程并不能为求解 $\boldsymbol{E}$、$\boldsymbol{D}$、$\boldsymbol{H}$、$\boldsymbol{B}$ 提供帮助。显然,这些方程并不足以确定 $\boldsymbol{E}$、$\boldsymbol{D}$、$\boldsymbol{H}$、$\boldsymbol{B}$ 这些未知物理量。以电磁场为例,矢量方程式(1-1)和式(1-2)只能给出 6 个标量方程,不足以确定其所含的 12 个未知标量,因此要确定未知数,就必须提供其他关系,即媒质的本构关系。媒质的本构关系通常由实验确定或根据媒质的微观结构推导得到。一般来说,很多媒质的本构关系可以写成以下形式:

$$D = \varepsilon E \tag{1-6}$$

$$B = \mu H \tag{1-7}$$

$$J = \sigma E \tag{1-8}$$

式中，ε、μ、σ 是材料参数，分别为介电常数（$F\cdot m^{-1}$）、磁导率（$H\cdot m^{-1}$）和电导率（$S\cdot m^{-1}$）。对于自由空间等各向同性简单媒质来说，反映材料电磁特性的参数退化为标量。在自由空间中，$\varepsilon = \varepsilon_0 \approx 8.85 \times 10^{-12} F\cdot m^{-1}$，$\mu = \mu_0 = 4\pi \times 10^{-7} H\cdot m^{-1}$；在一般各向同性媒质中，$\varepsilon = \varepsilon_r \varepsilon_0$，$\mu = \mu_r \mu_0$，其中，$\varepsilon_r$ 为相对介电常量，μ_r 为相对磁导率。特别的，对于非均匀媒质，其本构参数是位置的函数。

2. 求解域的边界条件

有了描述电磁场规律的麦克斯韦方程组和反应媒质特征的本构关系，还不足以确定电磁场。要确定电磁场，还必须给出求解域的边界条件（边界条件因问题而异）。

在电磁学领域中，很多闭域问题的求解域边界都是金属，如腔体本征值问题、金属体的散射问题等。如果视金属为理想电导体，那么此类问题的边界条件可以写成以下形式：

$$\hat{n} \times E = 0 \tag{1-9}$$

或

$$\hat{n} \times \nabla \times H = 0 \tag{1-10}$$

式中，$\hat{n}$ 是边界的单位法向矢量。在数学上常称式（1-9）为第一类边界条件（Dirichlet），其特征是未知数在边界处为已知固定值；式（1-10）为第二类边界条件（Neumann），其特征是未知数的导数在边界处为已知固定值。

与闭域问题不同，开域问题（如辐射和散射问题）的边界条件通常不能写成第一类边界条件或第二类边界条件，而是写成第三类边界条件。这类边界条件的特征为未知数和未知数的导数在边界处有确定的关系，它是第一类边界条件和第二类边界条件的组合，也称混合边界条件。

3. 阻抗边界条件

在实际遇到的电磁散射问题中，散射体往往是非完全纯导体，而是用吸波材料涂覆的导体或糙面的导体。在求解这样的问题时，使用近似边界条件是方便的，称这些边界条件为阻抗边界条件（Impedance Boundary Condition，IBC），IBC 可以表示为

$$\hat{n} \times (\hat{n} \times E) = -Z_S (\hat{n} \times H) \tag{1-11}$$

式中，E 和 H 分别为周围媒质内的电场强度和磁场强度；Z_S 为散射体的表面阻抗，定义为表面 E 和 H 的切向分量之比。

1.3 电磁场数值计算方法

1. 计算电磁学的重要性

在现代科学研究中，科学实验、理论分析、高性能计算已经成为三种重要的研究手段。在

电磁学领域中,经典电磁理论只能在 11 种可分离变量坐标系中求解麦克斯韦方程组或其退化形式,最后得到解析解。解析解的优点如下。

- 可将解表示为已知函数的显式,从而计算出精确的数值结果。
- 可以作为近似解和数值解的检验标准。
- 在解析过程中和在解的显式中,可以观察到问题的内在联系,以及各个参数对数值结果所起的作用。

利用这种方法可以得到问题的准确解,而且效率比较高;但是其适用范围太窄,只能求解具有规则边界的简单问题。当遇到不规则形状或任意形状的边界问题时,需要比较复杂的数学技巧。20 世纪 60 年代以来,随着电子计算机技术的发展,一些电磁场的数值计算方法也迅速发展起来,并在实际工程问题中得到了广泛的应用,从而形成了计算电磁学研究领域,成为现代电磁理论研究的主流。简而言之,计算电磁学是在电磁场与微波技术学科中发展起来的,它建立在电磁场理论的基础上,以高性能计算机技术为工具,运用计算数学方法,专门解决复杂电磁场与微波工程问题。相对于经典电磁理论分析而言,在应用计算电磁学解决电磁学问题时,受边界约束大为减小,可以解决各种类型的复杂问题。从原则上来讲,从直流电到光都属于该学科的研究范围。近几年来,电磁场工程在以电磁能量或信息的传输、转换过程为核心的强电与弱电领域中发挥了重要作用。

2. 计算电磁学的分类

(1) 时域方法与频域方法。电磁学的数值计算方法可以分为时域(Time Domain,TD)方法和频域(Frequency Domain,FD)方法两大类。

时域方法是指对麦克斯韦方程组按时间步进后求解有关场量。最著名的时域方法是时域有限差分法(Finite Difference Time Domain,FDTD)。这种方法通常适用于求解在外界激励下场的瞬态变化过程。若使用脉冲激励源,则一次求解可以得到一个很宽频带范围内的响应。时域方法具有可靠的精度、更快的计算速度,并且能够真实地反映电磁现象的本质,特别是在诸如短脉冲雷达目标识别、时域测量、宽带无线电通信等研究领域,更是具有不可估量的作用。

频域方法基于时谐微分、积分方程,通过对 N 个均匀频率采样值进行傅里叶逆变换可得到所需的脉冲响应,即研究在时谐(Time Harmonic)激励条件下,经过无限长时间后的稳态场的分布情况。使用这种方法,每次计算只能求得一个频率点上的响应。在过去,这种方法被大量使用,主要原因是信号、雷达一般工作在窄带上。

当要获取复杂结构时域超宽带响应时,如果采用频域方法,则需要在很大带宽范围内的不同频率点上进行多次计算,然后利用傅里叶变换获得时域响应数据,计算量较大;如果直接采用时域方法,则可以一次性获得时域超宽带响应数据,大大提高计算效率。时域方法还能直接处理非线性媒质和时变媒质问题,具有很大的优越性。时域方法使电磁场的理论与计算从处理稳态问题发展到能够处理瞬态问题,使人们处理电磁现象的范围得到了极大的扩展。

频域方法可以分成基于射线的方法(Ray-based)和基于电流的方法(Current-based)。基于射线的方法包括几何光学法(GO)、几何绕射理论(GTD)和一致性绕射理论(UTD)等;基于电流的方法主要包括矩量法(MoM)和物理光学法(PO)等。基于射线的方法通常用光的传播方式来近似电磁波的行为，考虑射向平面后的反射与经过边缘、尖劈和曲面后的绕射。当然，这些方法都是高频近似方法，主要适用于那些目标表面光滑且其细节对于工作频率而言可以忽略的情况。同时，这些方法对近场的模拟不够精确。基于电流的方法一般通过求解目标在外界激励下的感应电流来求解感应电流产生的散射场，但真实的场为激励场与散射场之和。在基于电流的方法中，最著名的是矩量法。矩量法严格建立在积分方程的基础上，在数字上是精确的。其实，我们并不能判断矢量法是一种低频方法还是一种高频方法，只是该方法所需的存储空间和计算时间随未知元数的快速增长阻止了其在高频情况下的应用，因而被限定在低频至中频的应用中。物理光学法可以认为是矩量法的一种近似，它忽略了各子散射元间的相互耦合作用，这种近似对大而平滑的目标是适用的，但是对于目标上含有边缘、尖劈和拐角等外形的部件，它就失效了。当然，对于形状简单的物体，物理光学法还是一个常用的方法，毕竟其求解过程很迅速，并且所需的存储空间也非常小。

（2）积分方程法与微分方程法。从求解的方程形式上又可以将电磁学的数值计算方法分为积分方程（IE）法和微分方程（DE）法。IE 法与 DE 法相比，其特点如下：①IE 法的求解区域维数比 DE 法的求解区域维数少一维，误差仅限于求解区域的边界，故精度高；②IE 法适宜求解无限域问题，而 DE 法在用于无限域问题的求解时会遇到网格截断问题；③IE 法产生的矩阵是满的，阶数小，而 DE 法产生的矩阵是稀疏的，阶数大；④IE 法难以处理非均匀、非线性和时变媒质问题，而 DE 法则可以直接用于求解这类问题。因此，求解电磁场工程问题的出发点有四种方式：频域积分方程（FDIE）、频域微分方程（FDDE）、时域微分方程（TDDE）和时域积分方程（TDIE）。

计算电磁学也可以分成基于微分方程的方法和基于积分方程的方法。其中，基于微分方程的方法包括时域有限差分法（FDTD）、时域有限体积法（FVTD）、频域有限差分法（FDFD）、有限元法（FEM）。在基于微分方程的方法中，其未知数从理论上讲应定义在整个自由空间内，以满足电磁场在无限远处的辐射条件。但是计算机只有有限的存储量，因此人们引入了吸收边界条件，以此来等效无限远处的辐射条件，使未知数局限于有限空间内。即便如此，其涉及的未知数数目依然庞大（相比于边界积分方程而言）。同时，偏微分方程的局域性使得场在数值网格的传播过程中形成色散误差，而且研究的区域越大，色散误差就越大。数目庞大的未知数和数值耗散问题使得基于微分方程的方法在分析电大尺寸目标时遇到了困难。对于有限元法，早期基于节点（Node-based）的处理方式非常有可能由于插值函数的导数不满足连续性而出现不可预知的伪解问题，使得这种在工程力学中非常成功的方法在电磁学领域无法大展身手，直到一种基于棱边（Edge-based）的处理方式出现后，这个问题才得以解决。

基于积分方程的方法主要包括各类基于边界积分方程与体积积分方程的方法。与基于微分方程的方法不同，其未知数通常定义在源区。例如，对于完全导电体（金属），其未知数仅存在于表面，这显然比基于微分方程的方法少很多未知数。格林函数的引入使得电磁场在无限远处的辐射条件已解析地包含在方程中。场的传播过程可由格林函数来精确描述，因而不存在色散误差的积累效应。

（3）几种主要方法的比较。这里对计算电磁学中几种主要的数值计算方法进行简单的比较，包括时域有限差分法（FDTD）、有限元法（FEM）、矩量法（MoM）、多极子法（MMP）、几何光学绕射法（GTD）、物理光学绕射法（PTD）和传输线法（TLM），如表 1-3 所示。

表 1-3 几种主要的数值计算方法的比较

性　能	FDTD	FEM	MoM	MMP	GTD/PTD	TLM
使用求解的问题	可以直接求解麦克斯韦方程组	电的尺寸和物体几何的尺寸特性可分开定义与处理	天线建模、线建模和表面结构、导线结构的问题	直接计算，不需要中间步骤	电大尺寸结构的范围的应用	所有的场分量可以在同一点进行计算
数值建模特点	不需要存储空间形状参数	可以克服 FDTD 中必需的阶梯建模空间问题	可以对任意结构形状的物体上的电流结构进行建模	—	在高频散射问题中非常有效，如雷达散射截面问题	可用于非均匀媒质的建模和分析
适于计算电磁场的区域	很容易对非均匀媒质的场问题进行建模	适于分析复杂结构，对内部电磁问题建模有效	辐射条件允许求解辐射物体外的任何地点的电场和磁场	—	满足远场平面波近似的空间，节省计算机资源	适于分析复杂结构，对表面域建模很有效
适于研究的问题	可以对内部复杂媒质问题进行有效的建模	可以对非均匀媒质问题进行建模	计算天线参数、输入阻抗、增益、雷达问题、电大载体 RCS 问题	—	—	相比于 FDTD，它有较小的数值色散误差
数值建模中存在的问题	需要对无边界问题进行吸收边界条件处理	对无边界问题，需要对边界进行建模	对内部区域建模问题的困难大	必须计算场强以外的其他参数	几乎不提供有关天线参数的信息	比 FDTD 使用更多的计算资源
计算机实现遇到的问题	计算密集型，有数值色散误差，内存需求大	计算密集型，对处理开放区域内的封闭面上的未知点问题有困难	在非均匀媒质中会遇到困难，要用大量的内部资源，因此，通常只用于求解低频问题	计算密集型，占用的计算量和内存都很大，使用者必须熟悉多极子理论	只在高频有效，不能提供任何电流分布的情况	带宽受色散误差限制，不能求解围绕散射体和需要大空间的问题
计算场强以外的其他物理量的能力	计算场传播和电流分布等参数很难	—	—	—	只能计算远场	同 FDTD

（4）多种方法的混合使用。由于实际问题的多样性，单独使用以上介绍的方法可能并不能满足需要，如涂敷媒质的目标、印制电路板及微带天线的辐射散射/EMC 分析、带复杂腔体和缝隙结构的目标的散射等。因此，工程界常常将各种方法搭配起来使用，形成各种混合方法。常见的混合方法包括边界积分方程与体积积分方程/微分方程方法的混合、高频近似方法与低频精确方法的混合、解析方法与数值方法的混合等。

高频近似方法与低频精确方法的混合方法一般是针对含有复杂细节的电大尺寸目标提出的。由于完全使用低频精确方法处理电大尺寸部分往往会超出目前计算机的能力，而单纯使用高频近似方法又得不到足够精确的近场，所以这种分而治之的折中方案就出现了。常用的混合方法包括弹跳射线法/矩量法混合（SBR/MoM）、物理光学绕射法/矩量法混合（PTD/MoM）、几何光学绕射法/矩量法混合（GTD/MoM）等。虽然引入了高频近似，赢得了速度和空间，但在一定程度上损失了精度。

除了上述几种混合方法，将解析方法和数值方法混合也是一种非常有用的方法。例如，在二维非均匀媒质电磁学问题中，将二维的数值计算转化为径向本征模式展开与纵向解析递推的数值模式匹配法（NMM）；对于 n 维偏微分方程，先使用 $n-1$ 维数值离散方法将其转化为常微分方程，再用解析方法求其通解的直线法都是很好的例子。

（5）算法的快速求解。快速算法是为了解决矩量法求解过程中存储量和计算量过大的问题而出现的。近年来，许多学者致力于精确方法的快速求解，以满足工程中日益增长的对电大尺寸复杂物体进行精确模拟的需要。由于矩量法产生的是一个满阵，存储量为 $O(N^2)$，采用直接求解的计算复杂度为 $O(N^3)$，采用迭代求解的计算复杂度为 $O(N^2)$。当未知数数目 N 增大的时候，存储量和计算量都会快速增加，这极大地限制了其求解能力。而某些基于矩量法的快速算法（如多层快速多极子算法）则可以成功地将存储量和计算复杂度分别降到 $O(N)$ 和 $O(N \log N)$ 量级，极大地提升了其求解能力。这些方法主要有基于分组思想的快速多极子方法（FMM）、多层快速多极子算法（MLFMA）、快速非均匀平面波算法（FIPWA）、自适应积分法（AIM）、共轭梯度快速傅里叶变换（CG-FFT）等。

并行计算也称高性能计算，它在现有的算法基础上增加计算资源等硬件设施，把待求解的问题分解为许多小问题，并分别在不同的处理器上求解，通过网络等方式实现进程间的通信，最后得到需要的解，从而实现联合求解。并行计算机从 20 世纪中期出现以来，出现了多种体系，主要有并行向量机（PVP）、对称多处理机（SMP）、大规模并行处理机（MPP）、集群（Cluster）、分布式共享存储多处理机（DSM）等。

下面对几种主要的计算电磁学数值计算方法进行简单的介绍。

3. 有限元法（FEM）

有限元法是在 20 世纪 40 年代被提出的，50 年代，用于飞机的设计中。后来，这种方法得到发展并广泛地应用于结构分析问题中。目前，作为广泛应用于工程和数学问题的一种通用方法，有限元法已非常著名。

有限元法是以变分原理为基础的一种数值计算方法。它应用变分原理把所要求解的边值问题转化为相应的变分问题，通过对场域进行剖分、插值，将离散化变分问题变为普通多元函数的极值问题，进而得到一组多元的代数方程组，此时只需求解代数方程组就可以得到所求边值问题的数值解。有限元法对微分形式的麦克斯韦方程组在频域进行求解，其求解的未知数是每个小网格的电场与磁场。有限元法一般会对整个求解空间用四面体进行划分，并计算 4 个格点上的场强，四面体的内部场强分布由 4 个格点插值得出。通常在待仿真的金属结构和变化比较复杂的部分，网格划分得更密。

有限元法从原理上可以对任意形状的结构进行求解，类似于暴力破解算法，对结构的要求少；但是它消耗的仿真资源多、仿真速度慢。

因为要对整个空间进行网格划分，所以有限元法实际上更适合封闭的空间。但在实际操作中，仿真器通过引入吸收边界条件（Absorbing Boundary Conditions）和完美匹配层（Perfectly

Matched Layers）等技术，已经能够极好地解决开放空间的求解问题。因此，有限元法已经不再局限于封闭空间。片上无源空间也是一个开放空间求解问题，我们一般要设置空气盒子的六面为辐射边界，以得到更准确的结果。

有限元法的求解步骤如下。

（1）区域离散化。将场域或物体分为有限个子域，如三角形、四边形、四面体、六面体等。

（2）选择插值函数。选择插值函数的类型（如多项式），用节点（图形定点）的场值求取子域各点的场的近似值。插值函数可以选择为一阶（线性）、二阶（二次）或高阶多项式。尽管高阶多项式的精度高，但通常得到的公式比较复杂。

（3）方程组公式的建立。可以通过里茨方法或伽辽金方法建立方程组公式。

（4）选择合适的代数解法求解代数方程，即可得到待求解边值问题的数值解。

有限元法的特点如下。

- 最终求解的线性代数方程组一般为正定的稀疏系数矩阵。
- 特别适合处理具有复杂几何形状物体和边界的问题。
- 便于处理有多种媒质和非均匀连续媒质的问题。
- 便于计算机实现，可以将其做成标准化的软件包。

4. 矩量法（MoM）

矩量法是计算电磁学中最常用的方法之一。自从 20 世纪 60 年代 Harrington 提出矩量法的基本概念以来，它在理论上日臻完善，并广泛应用于工程之中。特别是在电磁辐射与散射及电磁兼容领域，矩量法更显示出其独特的优越性。

矩量法的基本思想是将几何目标剖分离散，并在其上定义合适的基函数，然后建立积分方程，用权函数进行检验，从而产生一个矩阵方程，求解该矩阵方程，即可得到几何目标上的电流分布，从而求得其他近/远场信息。矩量法对积分形式的麦克斯韦方程组在频域求解时，需要求解的未知数为金属的表层电流分布，得到电流分布后，仿真器只需根据格林函数进行数值积分即可得到待求解空间任何点的场分布。在有限元法中，未知数为空间每个点的场分布，其求解矩阵维度大于矩量法的求解矩阵维度。

矩量法的另一大优势是整个无限大的背景结构的信息已经包含在格林函数中，在计算时，它只需对待求解的金属结构划分网格，而不需要对媒质层划分网格，因此，其网格数目小于有限元法的网格数目。因此，对于特定结构（3D 层状结构），矩量法的求解速度快、消耗的计算资源少。

对于任意结构或非均匀媒质，矩量法在理论上也可以求解。但是需要使用体积/表面积积分方程对背景环境进行描述，导致未知数数目急剧增加、求解效率急剧下降，反而不如求解微分方程的有限元法高效。

矩量法的求解过程如下。

（1）离散化过程：主要目的是将算子方程转化为代数方程。算子方程为

$$L(f) = g \tag{1-12}$$

式中，f 为未知等效流或场；g 为已知激励源。算子 L 的定义域适当地选择一组线性无关的基

函数 $(f_1, f_2, \cdots, f_n)$（或称展开函数），将未知函数 f 在算子 L 的定义域内展开为基函数的线性组合并取有限项近似，即

$$f = \sum_{n=1}^{\infty} a_n f_n \approx f_N = \sum_{n=1}^{N} a_n f_n \tag{1-13}$$

再将式（1-13）代入算子方程中，利用算子的线性性质，可将算子方程转化为代数方程，即

$$\sum_{n=1}^{N} a_n L(f_n) = g \tag{1-14}$$

于是，求解未知函数 f 的问题就转化为求解未知系数 a_n 的问题。

（2）取样检验过程：为了使未知函数 f 与其近似函数 f_N 之间的误差极小，必须进行取样检验，在抽样点上使加权平均误差为零，从而确定未知系数 a_n。

在算子 L 的值域内适当地选择一组线性无关的权函数（又称检验函数）W_m，将其与上述代数方程取内积进行抽样检验，即

$$\langle L(f_n), W_m \rangle = \langle g, W_m \rangle \quad (m = 1, 2, \cdots, N) \tag{1-15}$$

利用算子的线性和内积性质，将式（1-15）转化为矩阵方程，得

$$\sum_{n=1}^{N} a_n \langle L(f_n), W_m \rangle = \langle g, W_m \rangle \quad (m = 1, 2, \cdots, N) \tag{1-16}$$

于是，求解代数方程的问题就转化为求解矩阵方程的问题。

（3）矩阵的求逆过程：一旦得到了矩阵方程，通过常规的矩阵求逆或求解线性方程组，就可以得到矩阵方程的解，从而确定展开系数 a_n，得到原算子方程的解。

矩量法的特点如下。

（1）矩量法是基于电磁场积分方程的数值计算方法。积分方程的主要优点在于：一方面，由于格林函数的引入，电磁场在无限远处的辐射条件已经解析地包含在积分方程中，这样可以准确地得到未知数之间的关系，避免数值色散误差；另一方面，它产生的未知数的数目一般比基于微分方程的方法产生的未知数的数目少很多，比较适用于解决电大尺寸的电磁散射问题。

（2）矩量法是一种精确方法，其结果精度仅受计算精度和计算模型精度的限制，因此，它可以实现任意精度下的计算和求解。

（3）矩量法是一种稳定的计算方法，在整个矩量法的求解过程中，不易出现类似于其他计算方法计算过程中出现的伪解问题，同时，它得到的矩阵条件数好，容易求解、求逆。

（4）对于金属表面，矩量法可以利用边界条件直接简化计算，从而导出金属表面的积分方程，而其他计算方法则往往要完全计算整个实体的场分布，这就体现出矩量法在分析金属表面问题时的优越性。

（5）矩量法的全局性使得它产生的矩阵为稠密矩阵，这样，经典矩量法的数据存储量和计算复杂度都很高。因此，快速算法的研究成为矩量法应用研究中的一个热点。

5. 时域有限差分算法（FDTD）

从 Yee 于 1966 年在解决电磁散射问题的时候提出最初思想到现在，FDTD 已经经过了近 60 年的发展。在此期间，人们不断提出新的思想和方法来克服 FDTD 的一些缺点。例如，在时间步进算法上，除了传统的 Leap-Frog 算法，还发展了线性多步时间步进算法（如交错后向差分

算法和交错式 Adams-Bashforth 算法)、单步时间步进算法（如 Runge-Kutta 算法和离散积异卷积法)、伪谱算法（如采用 Laguerre 多项式、交替方向隐式时间步进算法）等；在空间离散上，除了传统的基于 Taylor 级数展开定理的中心对称有限差分格式，还发展了 Discrete Singular Convolution（DSC）格式、非标准的有限差分格式、基于窗函数法的中心对称有限差分格式、最优有限差分格式、FFT 等。至此，FDTD 已经形成了一个庞大的算法族。

传统电磁场的计算主要是在频域上进行的，但近年来，时域计算方法也越来越受到重视。FDTD 是电磁场的一种时域计算方法，它已在很多方面显示出其独特的优越性，在解决有关非均匀媒质、任意形状和复杂结构的散射体及辐射系统的电磁问题中更加突出。FDTD 可以直接求解依赖时间变量的麦克斯韦旋度方程，利用二阶精度的中心差分近似把旋度方程中的微分算符直接转换为差分形式，这样实现了在一定体积内和一段时间上对连续电磁场的数据进行取样压缩。电场和磁场分量在空间被交叉放置，这样可以保证在媒质边界切向场分量的连续条件自然得到满足。在笛卡儿坐标系中，每个磁场分量由 4 个电场分量包围，每个电场分量也由 4 个磁场分量包围。

这种电磁场的空间放置方法符合法拉第定律和安培定律的自然几何结构。因此，FDTD 是计算机在数据存储空间对连续实际电磁波的传播过程在时间进程上进行的数字模拟。在每个网格点上，各场分量的新值均仅依赖该点在同一时间步的值及该点周围邻近点其他场前半个时间步的值，这正是电磁场的感应原理。这些关系构成了 FDTD 的基本算式，通过逐个时间步对模拟区域各网格点进行计算，在执行到适当的时间步数后，即可获得所需的结果。

FDTD 的特点如下。

（1）直接时域计算。FDTD 直接把含时间变量的麦克斯韦旋度方程在 Yee 氏网格空间转换为差分方程。在这种差分格式中，每个网格点上的电场（或磁场）分量仅与它相邻的磁场（或电场）分量及上一时间步该点的场值有关。在每一时间步计算网格空间各点的电场和磁场分量，随着时间步的推进，即能直接模拟电磁波及其与物体的相互作用过程。FDTD 把各类问题都作为初值问题来处理，使电磁波的时域特性被直接反映出来。这一特点使它能直接给出非常丰富的电磁场问题的时域信息，给复杂的物理过程描绘出清晰的物理图像。如果需要频域信息，则只需对时域信息进行傅里叶变换即可。如果想获得宽频带信息，则只需在宽频谱的脉冲激励下进行一次计算即可。

（2）广泛的适用性。FDTD 的直接出发点是概括电磁场普遍规律的麦克斯韦方程组，这就预示着该方法具有广泛的适用性，近几年的发展完全证实了这一点。从具体的算法来看，在 FDTD 的差分方程中，被模拟空间电磁性质的参量是按网格空间给出的，因此，只需设定相应的空间点以适应参数，即可模拟各种复杂的电磁结构。媒质的非均匀性、各向异性、色散特性和非线性等能很容易地被精确模拟。由于网格空间中的电场和磁场分量是被交叉放置的，而且在计算中用差分代替了导数，所以媒质边界切向场分量的连续条件能自然得到满足，这就为模拟复杂的电磁结构提供了极大的方便，任何问题只要能正确地对源和结构进行模拟，FDTD 就能给出正确的解答。

（3）节省计算机的存储空间和计算时间。很多复杂的电磁场问题都不能计算解决，往往不是因为没有可选用的方法，而是因为计算条件的限制。当代电子计算机的发展方向是运用并行处理技术进一步提高计算速度。并行计算机的发展推动了数值计算中并行处理的研究，适合并行计算的发展将发挥更大的作用。例如，前面指出的 FDTD 的计算特点是每一网格点上的电场（或磁场）只与其周围相邻点处的磁场（或电场）及其上一时间步的场值有关，这使得它特别适合用于并行计算。施行并行计算可使 FDTD 所需的存储空间和计算时间减少为只与 $N^{1/3}$ 成正比。

（4）计算程序的通用性。由于麦克斯韦方程组是 FDTD 计算任何问题的数学模型，因而它的基本差分方程具有通用性。此外，吸收边界条件和连续条件对很多问题都是通用的，而计算对象的模拟则是通过给网格赋予参数来实现的，与以上各部分没有直接联系，可以独立进行。因此，一个基础的 FDTD 计算程序对电磁场问题具有通用性，对不同的问题或计算对象只需修改有关部分即可，大部分是相同的。

（5）简单、直观，容易掌握。FDTD 直接从麦克斯韦方程组出发，不需要任何导出方程，这样就避免了使用更多的数学工具，使得它成为所有电磁场数值计算方法中最简单的一种。由于 FDTD 能直接在时域中模拟电磁波的传播及其与物体作用的物理过程，所以该方法又是非常直观的一种方法。由于它既简单又直观，所以掌握它不是件很困难的事情，只要掌握电磁场的基本理论知识（不需要很多数学知识），就可以学习运用这一方法解决很复杂的电磁场问题。因此，这一方法很容易得到推广，并在很广泛的领域发挥作用。

6. 弹跳射线法（SBR）

弹跳射线法（SBR）技术是由 Hao Ling 等于 20 世纪 80 年代末提出的高频算法，这是一种结合了几何光学法和物理光学法优点的高频近似方法：首先，将入射的平面电磁波用一定密度的密集射线管来模拟入射波在目标几何结构中的传播情况，根据几何光学法的原理，相邻射线管之间没有能量的耦合和泄漏，当射线照射目标时，按照光学原理发生反射来追踪所有射线管在空间中的行进轨迹；然后，利用几何光学法追踪所有射线管中的场值变化，并在射线管离开目标表面时，利用物理光学法的原理对射线管的远场散射场进行计算；最后，累加所有射线管的远场散射场贡献即可得到目标的总散射场。

7. 如何选择合适的电磁场仿真算法

（1）结构的特点。对于层状结构，矩量法能够提供最高效、快速地求解，因此可以优先考虑矩量法。例如，PCB 走线、层状倒封装、片上无源器件，都可认为是层状结构。对于转换头、接口、波导、三维天线、BGA 等复杂的非层状结构，只能选择有限元法和 FDTD。

当然，对于极其简单的结构，如单圈电感等，采用有限元法也可以很快得到结果，速度差别并不明显。

（2）结构的响应类型。由于有限元法和矩量法均从频域求解，所以它们比 FDTD 更适合那些具备窄带响应或高 Q 值（品质因数）的结构，如滤波器、谐振腔、波导等。FDTD 从时域求解，因而天生更适合分析 TDR 和 EMI、EMC 等。对于宽带响应，FDTD 也更高效，它在时域求解之后采用傅里叶变换即可得到频率响应；但有限元法和矩量法需要对频带内的频点逐一进行求解（自适应算法可减少求解频点数目）。

（3）结构的复杂程度与端口的数目。对于复杂的 3D 结构，有限元法的求解效率要高于

FDTD 的求解效率。另外，有限元法和矩量法的求解时间与端口数目的关系不大，一次求解即可得到所有端口的响应；而 FDTD 对 N 个端口需要重复求解 N 次。因此，像 BGA 这样的多端口结构，有限元法是更好的选择。表 1-4 和表 1-5 分别给出了不同特点的应用及不同的应用领域选择数值计算方法的优/劣势。

表 1-4　不同特点的应用选择数值计算方法的优/劣势

应用特点	MoM	FEM	应用特点	MoM	FEM
3D 平面结构	++	+	电大尺寸结构	+	-
全 3D 结构	-	++	非线性材料/部件	-	-
高 Q 值	++	++	生物医学分析	-	-
宽带分析	+	+	TDR 分析，分析过渡结构	-	-
大量端口	++	++	材料和形状复杂度高的问题	+	-
频变材料	++	++	低频	++	++
精确损耗建模	++	++	散射分析	-	-

注：表中的"+"表示优势，"-"表示劣势。"+"越多表示越适用于该种情况。

表 1-5　不同的应用领域选择数值计算方法的方法优/劣势

应用领域	MoM	FEM	应用领域	MoM	FEM
平面天线	++	+	射频板	++	+
平面天线阵列	++	-	连接器	-	++
3D 天线	-	++	封装	+	++
3D 天线阵列	-	+	RFID（射频识别）	+	++
波导	-	++	SI/PI（信号完整性/电源完整性）	++	+
MMIC（单片微波集成电路）	++	++	EMC/EMI（电磁干扰/电磁兼容）	-	-
RFIC（射频集成电路）	++	+	—	—	—

思考与练习

（1）如何理解麦克斯韦方程组？

（2）各种电磁场数值计算方法有什么异同？

第 2 章　Rainbow Studio 软件的基本操作

Rainbow Studio 是一款通用的三维电磁场全波仿真分析软件。由于它采用了高效的并行算法加速技术，因此使得计算速度非常快，可以为用户提供准确、高效的仿真设计解决方案。

要熟练使用 Rainbow 系列软件分析解决电磁场问题，首先要掌握 Rainbow 系列软件的基本操作，包括创建模型、对模型进行处理、查看仿真结果等。本章主要详细介绍 Rainbow 系列软件的操作界面、如何设置参数并查看仿真结果、如何使用 Python 脚本进行电磁仿真等。读者可以结合后续的实例来加深对 Rainbow 系列软件的理解。

2.1　软件简介

Rainbow Studio 基于先进的电磁场核心算法，具有专业的图形用户界面，支持参数化三维几何建模、智能捕捉及复杂的几何运算，支持基于 Python 的脚本定制和用户二次开发。Rainbow 系列软件包含 FEM3D、BEM3D、PO（物理光学法）、SBR 等多个电磁场求解器模块，用户可分析任意三维形状的非均匀材料物体，包含电小尺寸到电大尺寸问题。

Rainbow 系列软件中包含基于三维有限元法（Finite Element Methods in Three Dimension，FEM3D）的麦克斯韦方程组高频求解器：能够仿真分析任意三维形状物体的电磁场特征。它在射频、微波、毫米波、光波段电磁结构和集成电路等设计中，能够提取多端口 S 参数数据和传输线模型。

Rainbow 系列软件中包含基于三维边界元方法（Boundary Element Methods in Three Dimension，BEM3D）的麦克斯韦方程组高频求解器：能够仿真分析任意三维形状物体的电磁场散射特征，支持平面波入射和散射问题的分析，尤其适合电大尺寸模型的电磁场散射问题的分析。

Rainbow 系列软件中包含基于 PO 的方法：可以计算电磁波照射区域的表面电、磁流辐射积分，从而得出远场，支持标准高斯源、天线远场辐射源等多种激励源，适合快速、准确地分析电大反射面。

Rainbow 系列软件中包含基于 SBR 的方法：结合 PO/GO，考虑几何表面反射、透射、爬波等电磁效应。它应用 SBR 进行多次反射，可以准确分析超电大尺寸目标的电磁属性，尤其适合分析复杂电磁环境下的电磁传播特征。

2.2 安装与卸载软件

2.2.1 安装软件

以管理员权限登录操作系统后双击安装包,可启动安装程序并显示如图 2-1 所示的安装向导界面。

图 2-1 安装向导界面

安装向导界面将显示安装软件的名称与版本号,单击"下一步"按钮,将出现如图 2-2 所示的许可证协议界面。

图 2-2 许可证协议界面

单击图 2-2 中的"我接受"按钮,将出现如图 2-3 所示的选择组件界面,可以在此选择需要安装的组件。

组件选择完后单击"下一步"按钮,这时需要为组件选择安装位置,如图 2-4 所示,单击"浏览"按钮,选择安装位置。

第 2 章　Rainbow Studio 软件的基本操作

图 2-3　选择组件界面

图 2-4　选择安装位置

选好安装位置后单击"下一步"按钮，接下来，需要为"开始菜单"选择目标位置，可以在界面的文本框中输入目标位置以创建新的文件夹，如图 2-5 所示。

图 2-5　为"开始菜单"选择目标位置

指定目标位置后单击"安装"按钮，开始安装 Rainbow Studio 9.0。安装完成后将出现如图 2-6 所示的界面，此时单击"完成"按钮即可。

图 2-6　完成安装

2.2.2　卸载软件

在软件启动菜单中选择"Uninstall（卸载程序）"选项，执行该程序可卸载相应的软件。

2.3　快速指南

2.3.1　启动程序

2.3.1.1　从开始菜单启动

选择"Start"→"Rainbow Simulation Technologies"选项，可以看到其下的各个菜单项。

- Bug Report：访问产品缺陷报告主页。
- Example Guide：访问产品仿真实例。
- Rainbow Studio：启动 Rainbow Studio 软件。
- Rainbow Studio APD-Links/SIP-Links/SPB-Links：启动 Rainbow Studio 的模型转换模块。
- Rainbow Studio BEM/ENS/FEM/SAR/SBR：启动 Rainbow Studio 的 BEM、ENS、FEM、SAR、SBR 子模块。
- Rainbow Studio Viewer：启动 Rainbow Studio 的 Viewer 模块。
- Release Notes：访问产品发布说明。
- Uninstall：卸载软件。
- Visit Website：访问产品主页。

2.3.1.2 从命令行启动

用户可以先把 Rainbow 系列软件执行目录"Rainbow 系统安装目录\programs\bin"加到操作系统的 PATH 环境变量中,然后可以在操作系统运行菜单中启动命令窗口。

在命令窗口中输入 Rainbow 系列软件的运行命令与各项参数:

```
RainbowStudio [-h] [-v] [-script <scriptfile>] [-product <product/feature>]
[file.rbs ...] [file.rbv ...]
```

- -h:显示命令行帮助信息。
- -v:显示程序版本信息。
- -script *<scriptfile>*:指定程序启动后自动执行的 Python 脚本程序。
- -product *<product/feature>*:指定程序启动时选择的产品功能。
- *file*.rbs ... :指定程序启动时打开的二进制格式的 Rainbow Studio 工程文件。
- *file*.rbv ... :指定程序启动时打开的二进制格式的 Rainbow EMViewer 工程文件。

2.3.1.3 产品选择

如果用户在启动 Rainbow Studio 程序时没有选择产品,则需要在如图 2-7 所示的对话框中选择使用哪个产品(软件产品许可证),然后在下方的"选择功能:"选区中选择需要使用的功能,可选择多项功能。

图 2-7　"产品选择"对话框[①]

如果选中了"设置为缺省选择"复选框,那么程序将记住用户的当前选择,并在下次启动程序时,在产品列表中自动选择当前选择的产品。

2.3.2 创建工程

程序启动后,用户需要选择"文件"→"新建工程"→"Studio 工程"选项,创建空的工程

注:①软件图中的"缺省"的正确写法为"默认"。

项目。程序将按照默认设置创建空的工程文档并把它添加到工程管理树中。

1. 添加或编辑材料库

在当前的工程项目中，选择"菜单工程"→"管理材料"选项，启动材料库编辑窗口，用户可以通过单击"显示/编辑""增加""克隆""删除"等按钮来添加或编辑材料库。

2. 添加或编辑工程变量库

在当前的工程项目中，选择"工程"→"管理变量"选项，启动工程变量库编辑窗口，用户可以通过单击"增加""删除""编辑"等按钮来添加或编辑工程变量库。另外，还可以通过单击"内置""常量"按钮来查看 Rainbow 系列软件内部自带的变量。

2.3.3 导入并创建几何模型

创建新的 BEM3D 或 FEM3D 设计后，用户需要创建完整的几何模型。

1. 导入几何模型

用户可以导入其他数据格式的几何模型。选择"几何"→"导入"选项，启动模型导入界面。软件现在支持导入 HFSS 文档、3D 文档、2D 文档，支持的数据格式包括 AEDT、BREP、IGES、STEP 等，同时支持三维网格文件的导入。

2. 创建几何模型

用户可以通过"几何"菜单下的各个菜单项从零开始创建各种几何模型，包括坐标系、点、线、面和体结构；也可以通过相关的操作对创建好的几何模型进行复制、修补、布尔等类型的操作。

2.3.4 设置边界条件

创建几何模型后，用户可以通过选择"物理"→"理想导电体"菜单下的菜单项为几何模型设置各种边界条件。在工程管理树中，Rainbow 系列软件会把这些新增的边界对象添加到"边界条件"目录下，单击"边界条件"目录下的"边界"选项，若成功添加该边界的几何模型，则它会以高亮状态呈现。

2.3.5 设置端口激励

创建几何模型后，用户可以通过选择"物理"→"集总端口"菜单下的菜单项为几何模型设置各种端口激励方式和参数。在工程管理树中，Rainbow 系列软件会把这些新增的端口激励添加到"激励端口"目录下，单击成功创建的激励，会看到该激励源的方向。

2.3.6 设置网格参数

几何模型创建好后，用户有时需要为几何模型及其某些关键结构设置网格剖分控制参数：选中几何模型后单击鼠标右键，在弹出的快捷菜单中选择"添加网格控制"选项，可以修改该几何模型的网格长度，包括修改点、边、面、体的网格长度。在工程管理树中，Rainbow 系列软件会把这些新增的结果显示添加到"网格剖分"目录下。

2.3.7 设置求解器参数与频率扫描范围

设置好网格参数后，用户需要为几何模型设置求解器，有时也需要设置扫频方案。用户可以通过选择"分析"→"添加求解方案"选项为几何模型添加求解器并进行参数设置，通过选择"分析"→"添加扫描计划"选项为特定的变量添加频率扫描范围。在工程管理树中，Rainbow 系列软件会把这些新增的求解器参数添加到"求解方案"目录下，将扫描计划添加到"扫描优化"目录下。

2.3.8 启动仿真求解器

完成上述操作后，用户可以选择"分析"→"验证设计"选项，验证模型设置是否完整。模型验证完成后，依次单击"分析"→"求解设计"选项，启动仿真求解器分析模型。用户可以利用任务显示面板查看求解过程，包括进度和其他日志信息。

2.3.9 仿真结果显示

仿真分析结束后，用户可以查看模型仿真分析的各个结果，包括仿真分析所用的网格剖分、模型几何结构上的近场和远场显示、激励端口上的 S 参数曲线等。

1. 网格剖分显示

用户可以选择某个或多个几何结构，查看选中几何结构的网格剖分情况。用户可以选择"物理"→"网格"选项为选择的几何结构添加网格剖分显示。在工程管理树中，Rainbow 系列软件会把这些新增的结果显示添加到"场仿真结果"目录下。

2. 近场结果显示

用户可以选择模型的某个或多个几何结构，查看其上的电流、电场、磁场等的分布与流动情况。用户可以选择"物理"→"E 电场模"选项，并在其下拉菜单中为几何结构添加电场、磁场、电流等的分布与流动情况。在工程管理树中，Rainbow 系列软件会把这些新增的结果显示添加到"场仿真结果"目录下。

3. 远场结果显示

用户可以通过仿真分析观察模型的远场结果，包括 RCS 图和其他三维显示。用户可以通过选择"物理"→"球面"选项设置远场球面观察角度。在工程管理树中，Rainbow 系列软件会把这些新增的远场球面观察角度添加到"散射远场"目录下。

用户可以通过选择"结果显示"→"远场图表"选项来创建各种形式的视图，包括线图、曲面、极坐标显示和天线辐射图等。在工程管理树中，Rainbow 系列软件会把这些新增的视图显示添加到"结果显示"目录下。

  4. S 参数的导出与显示

用户可以通过选择"结果显示"→"SYZ 参数图表"选项为模型端口之间的 S 参数创建各种形式的视图。在工程管理树中，Rainbow 系列软件会把这些新增的 S 参数图表添加到"结果显示"目录下。

2.3.10 在线例子

Rainbow 系列软件附带了许多工业设计领域经典的例子，用户可以参考这些例子来熟悉 Rainbow 系列软件的使用方法及设计方法。用户可以通过选择"文件"→"打开样例"选项来打开这些例子，也可以直接在文件系统"Rainbow 安装目录\Shares\Examples"中找到它们。

Rainbow 系列软件支持 Python 脚本的用户定制和二次开发，系统同时附带了许多 Python 程序的例子，用来构建模型。用户可以参考文件系统"Rainbow 安装目录\Shares\Examples"中的示例程序熟悉 Rainbow 系列软件的脚本定制功能。

2.3.11 获得帮助

用户可以通过"帮助"菜单访问 Rainbow 系列软件的各种帮助功能。
- 主页：访问公司主页。
- 缺陷：报告产品缺陷。
- 帮助：显示在线帮助。
- 手册：显示用户手册。
- 说明：显示产品发布说明。
- 申请：申请软件许可证。
- OpenGL：显示 OpenGL 库信息。

用户也可以通过邮件把问题发送到 support@rst-em.com 或拨打公司客服电话（0510-88575846）获得帮助。

2.4 用户界面

Rainbow Studio 9.0 启动后的主界面如图 2-8 所示。
下面对主界面布局进行介绍。

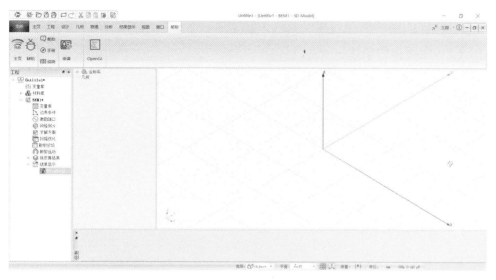

图 2-8　Rainbow Studio 9.0 启动后的主界面

2.4.1　菜单栏与工具栏

Rainbow 系列软件可根据当前的工程和设计类型及用户正在操作的视图对象自动调整菜单与工具栏上的内容，为用户提供准确和高效的交互环境。

工具栏为用户访问菜单栏提供了快捷方式。同时，用户可以右击 Rainbow 系列软件的任意对象，通过上下文菜单使选择的对象快速执行相应的操作。完整的菜单栏包括如下功能。

2.4.1.1　文件操作菜单——文件

"文件"菜单包含针对工程文档的各种操作，如新建、保存、关闭等。

- 新建工程➔Studio 工程：创建 Rainbow 工程文档。
- 新建工程➔Studio 工程与 BEM 模型：创建包含 BEM 设计的 Rainbow 工程文档。
- 新建工程➔Studio 工程与 FEM（Modal）模型：创建包含 FEM 设计的 Rainbow 工程文档。
- 新建工程➔Studio 工程与 FEM（Terminal）模型：创建包含 FEM 设计的 Rainbow 工程文档。在该模型中，支持 FEM 模型实现端口连接电气网络抽取与可视化检查。
- 新建工程➔Studio 工程与 FEM（Eigen）模型：创建包含 Eigen 设计的 Rainbow 工程文档。
- 新建工程➔EMViewer 工程：创建 Rainbow 图形处理工程文档。
- 打开：打开已有的工程文档。
- 打开样例：打开已有的示例工程文档。
- 关闭：关闭当前工程文档。
- 全部关闭：关闭所有工程文档。
- 保存：保存当前工程文档。
- 另存：另存当前工程文档到文件系统中。
- 全部保存：保存所有工程文档。

- 退出：退出 Rainbow 系列软件。

2.4.1.2　主页操作菜单——主页

通过"主页"菜单，可对当前用户在 Rainbow 系列软件中选择的对象进行编辑操作，它包含以下功能。

- 脚本：打开 Rainbow 自带的脚本文件。
- Studio 工程：新建 Studio 工程文件。
- BEM 模型：新建 BEM 模型。
- 打开：打开工程文件。
- 保存：保存文件。
- 撤销：取消上一次操作。
- 重复：重复上一次操作。
- 剪切：进行剪切操作。
- 拷贝：进行复制操作。
- 粘贴：进行粘贴操作。
- 删除：删除对象。
- 改名：修改名称。
- 全选：选择所有对象或对象的子对象。
- 属性：编辑对象的属性。
- 标签：编辑模型中选择的对象标签。
- 选项：设置默认参数。
- 语言：设置中/英文。
- 服务器：配置并切换仿真服务器。
- 配置：配置默认服务器信息。
- 切换视图：切换工程视图。
- 管理视图：视图窗口管理。
- 任务管理器：显示任务管理器。
- 波形计算器：启动波形计算处理器。
- SAR 显示：SAR 图像生成与显示器。

2.4.1.3　工程操作菜单——工程

"工程"菜单提供对工程进行数据管理的功能，其功能随着当前工程模型而增加或删减（以下是全部功能）。

- 添加变量：添加工程变量。
- 管理变量：管理工程变量库。
- 添加材料：添加工程材料。
- 管理材料：管理工程材料库。
- 添加数据集：添加工程数据集。

- 管理数据集：管理工程数据集。

2.4.1.4　设计操作菜单——设计

"设计"菜单提供对设计进行数据管理的功能，其功能随着当前设计模型而增加或删减（以下是全部功能）。

- 添加变量：添加工程变量。
- 管理变量：管理工程变量库。
- 定义标签：定义设计中的标签。
- 管理标签：管理设计中的对象标签。
- 长度单位：编辑长度单位。
- 物理单位：设置频率、电阻、电感、电容等物理量的默认单位。
- 设计说明：编辑设计说明信息。
- 再生模型：重置模型内部数据与拓扑结构，验证模型数据的完整性。
- 指定材料：为几何对象指定材料。
- 模式几何：指定新增加的几何对象是否为模式几何。模式几何对象将参与模型的网格剖分及电磁场求解；非模式几何对象可以作为辅助或示意性图形协助理解模型，并为电磁场仿真结果显示提供空间坐标等信息。

2.4.1.5　几何建模菜单——几何

"几何"菜单提供三维几何模型的建模功能，其功能随着当前设计模型的类型而增加或删减（以下是全部功能）。

- 导入：导入几何或网格模型。
- 导出：导出模型。
- 相对常规：以常规方式添加相对坐标系。
- 相对平移：以平移方式添加相对坐标系。
- 相对旋转：以旋转方式添加相对坐标系。
- 相对（UI）：以对话窗口方式添加相对坐标系。
- 点：添加点。
- 线：添加线段。
- 3点圆弧：添加3点圆弧。
- 角度圆弧：添加角度圆弧。
- 样条曲线：添加样条曲线。
- 贝塞尔曲线：添加贝塞尔曲线。
- 抛物线：添加抛物曲线。
- 螺旋曲线：添加螺旋曲线。
- 弹簧曲线：添加弹簧曲线。
- 解析 f(x)：添加方程曲线。
- 长方形：添加长方形面。

- 圆：添加圆面。
- 椭圆：添加椭圆面。
- 扇面：创建几何扇面。
- 多边形：添加正多边形面。
- 抛物面：添加抛物面。
- 解析 f[x,y]：添加方程面。
- 长方体：添加长方体。
- 楔体：添加楔体。
- 圆柱体：添加圆柱体。
- 球：添加球体。
- 圆锥体：添加圆锥体。
- 圆环体：添加圆环体。
- 椭球体：添加椭球体。
- 缝合线：添加缝合线。
- 封闭球：添加封闭球。
- 空气盒：添加空气盒。
- 拉伸：拉伸几何体。
- 旋转实体：旋转几何体。
- 放样：几何放样。
- 加厚：加厚几何面。
- 扫略：沿曲线扫略几何体。
- 法向偏移曲面：沿法向偏移曲面。
- 偏移平面曲线：偏移平面曲线。
- 抽壳：从几何体中抽出几何面壳。
- 封盖平面曲线：将平面曲线覆盖，形成封闭面。
- 封盖曲线：将封闭曲线覆盖，形成封闭曲面。
- 封盖带孔平面曲线：将带孔的平面曲线覆盖，形成封闭面。
- 包围盒替换：用包围盒替换几何模型。
- 2D 凸包替换：用 2D 凸包替换几何模型。
- 平移：平移几何体。
- 旋转：旋转几何体。
- 镜像：镜像几何体。
- 缩放：缩放几何体。
- 各向异性缩放：沿着一定的方向缩放几何体。
- 平移：平移复制几何体。
- 旋转：旋转复制几何体。
- 镜像：镜像复制几何体。

- 原地：原地复制几何体。
- 合并：进行几何体布尔并操作。
- 保留合并：进行几何体布尔并操作，并保留操作对象。
- 裁剪：进行几何体布尔差操作。
- 保留裁剪：进行几何体布尔差操作，并保留操作对象。
- 相交：进行几何体布尔交操作。
- 保留相交：进行几何体布尔交操作，并保留操作对象。
- 截交：进行几何对象截交操作。
- 截交保留：进行几何对象截交操作，并保留操作对象。
- 分割：分割几何体。
- 倒角：倒角几何体。
- 圆角：圆角几何体。
- 去壳：去壳操作，从几何体的某个面保留指定的厚度往里挖。
- 封闭实体：进行封闭实体操作，将封闭的几何面转变为几何体。
- 转为曲面：将几何对象从实体变为面体。
- Replace Planar：将几何对象的光滑表面变为平面。
- 分析对象：分析几何对象。
- 修复对象：修复几何对象。
- 合并面：合并几何体中的共面。
- 清除历史：清除几何命令历史。
- 移除面：移除几何面。
- 移除特征：移除几何特征。
- 移除线：移除几何内部线。
- 补洞：填充几何体中的空洞。
- 缝合：缝合几何体。
- 封闭面：形成闭合的线体。
- 翻转方向：使选中的几何对象变为内部空心的几何体。
- 导入网格文件：从外部导入网格模型。
- 创建网格面元：为外部导入的网格创建新的网格面元。
- 移到面元：将选择的网格面元添加到默认的面元中。
- 根据高程剖分面元：将选中的面元按照高程分为特定的等级。
- 根据图像剖分面元：将选中的面元按照图像剖分。
- 细化网格单元：将网格单元细化。
- 显示单元信息：显示选中面元的详细信息。
- 修改单元坐标：修改选中面元的坐标位置。
- 创建几何体：创建新的几何体。
- 创建几何面：创建新的几何面。

- 将面元添加到网壳：将选中的面元添加到指定的对象中。
- 切换为体：将几何对象切换为几何实体。
- 切换为面：将几何对象切换为几何面。

2.4.1.6 物理操作菜单——物理

"物理"菜单提供物理模型的设置功能，其功能随着当前设计模型的类型而增加或删减（以下是全部功能）。

（1）添加或设置边界条件对象的功能如下。
- 理想电导体：添加理想电导体边界。
- 理想磁导体：添加理想磁导体边界。
- 完全吸收边界：添加完全吸收边界。
- 简单吸收边界：添加简单吸收边界。
- 复杂吸收边界：添加复杂吸收边界。
- 集总 RLC：添加集总 RLC 边界。
- 有限导体：添加有限导体边界。
- 常规阻抗：添加常规阻抗边界。
- 多层阻抗：添加多层阻抗边界。
- 管理：管理设计的所有边界。
- 优先级：重新设置设计中的边界条件的优先级。

（2）添加或设置端口激励对象的功能如下。
- 集总端口：添加集总端口激励。
- 圆形波端口：添加圆形波端口激励。
- 共轴波端口：添加共轴波端口激励。
- 矩形波端口：添加矩形波端口激励。
- 平面波：添加平面波入射激励。
- 辐射波：添加理想辐射波激励。
- 场域强度：设置端口激励的幅度和相位。
- 重新排序：端口排序。
- 切换激励源显示：切换显示激励源。
- 管理：激励端口管理器。

（3）添加或设置网格参数的控制功能如下。
- 初始网格：设置初始网格参数。
- 曲面近似：设置表面粗糙度网格控制参数。
- 边：设置几何边上的网格长度。
- 点：设置围绕几何顶点处的网格长度。
- 面：设置几何面上的网格长度。
- 体：设置几何体内的网格长度。

（4）添加或设置远场观察对象的功能如下。
- 球面：添加球面远场观察角。

（5）添加或设置近场观察对象的功能如下。
- 单点：添加几何近场单点。
- 曲线：添加几何曲线近场观察对象。
- 几何：添加几何曲面近场观察对象。
- 线段：添加几何直线段近场观察对象。
- 圆弧：添加几何圆弧近场观察对象。
- 矩面：添加几何矩面近场观察对象。
- 扇面：添加几何扇面近场观察对象。
- 圆柱面：添加几何圆柱面近场观察对象。
- 球面：添加几何球面近场观察对象。

（6）添加或设置近场电磁场显示对象的功能如下。
- 网格：添加几何对象的网格剖分显示。
- E 电场模：在设计中显示指定几何对象的 E 电场模。
- E 电场复模：在设计中显示指定几何对象的 E 电场复模。
- E 电场矢量：在设计中显示指定几何对象的 E 电场矢量。
- H 磁场模：在设计中显示指定几何对象的 H 磁场模。
- H 磁场复模：在设计中显示指定几何对象的 H 磁场复模。
- H 磁场矢量：在设计中显示指定几何对象的 H 磁场矢量。
- J 电流模：在设计中显示指定几何对象的 J 电流模。
- J 电流复模：在设计中显示指定几何对象的 J 电流复模。
- J 电流矢量：在设计中显示指定几何对象的 J 电流矢量。
- Jm 电流模：在设计中显示指定几何对象的 Jm 电流模。
- Jm 电流复模：在设计中显示指定几何对象的 Jm 电流复模。
- Jm 电流矢量：在设计中显示指定几何对象的 Jm 电流矢量。
- Q ABS：在设计中显示指定几何对象的电量 Q 幅度。
- Q Smooth：在设计中显示指定几何对象的电量 Q 幅度（与上一项的单位不一致）。
- Qm ABS：在设计中显示指定几何对象的电量 Qm 幅度。
- Qm Smooth：在设计中显示指定几何对象的电量 Qm 幅度（与上一项的单位不一致）。
- 远场：在模型中添加远场视图。

2.4.1.7 分析操作菜单——分析

"分析"菜单提供针对仿真模型的分析求解参数和方法设置功能，其功能随着当前设计模型的类型而增加或删减（以下是全部功能）。

（1）下面是针对整个仿真设计的验证与求解功能如下。
- 验证设计：验证整个设计是否有效。

- 求解设计：求解当前设计的所有仿真方案。
- 查看数据：查看当前设计的仿真缓存数据目录。
- 设计日志：查看当前设计的日志。
- 清除数据：清除当前设计的仿真缓存数据目录。

（2）针对某个仿真分析方案的求解功能如下。

- 添加求解方案：设置求解器分析参数。
- 网格剖分：对当前分析方案的几何模型进行网格剖分。
- 求解：对当前分析方案的几何模型进行电磁场求解。
- 查看数据：查看当前分析方案的仿真缓存数据。
- 清除数据：清除当前分析方案的仿真缓存数据。
- 仿真日志：查看当前分析方案的仿真日志。
- 添加扫频方案：添加频率扫描参数。

（3）针对仿真模型的参数扫描与优化功能如下。

- 添加扫描计划：添加新的参数扫描计划。
- 添加扫描方案：在当前参数扫描方案中添加扫描方案。

2.4.1.8 结果操作菜单——结果显示

"结果显示"菜单提供对各种仿真分析和测量结果进行图表显示的功能，其功能随着当前仿真数据和图表显示类型而增加或删减（以下是全部功能）。

（1）针对 SYZ 仿真数据结果的图表处理功能如下。

- 2 维矩形线图：创建 2 维矩形线图。
- 2 维极坐标线图：创建 2 维极坐标线图。

（2）针对远场仿真数据结果的图表处理功能如下。

- 2 维矩阵线图：创建 2 维矩形线图。
- 2 维极坐标线图：创建 2 维极坐标线图。
- 3 维矩形等势图：创建 3 维矩形等势图。
- 3 维矩形曲面图：创建 3 维矩形曲面图。
- 3 维极坐标曲面图：创建 3 维极坐标曲面图。

（3）针对近场仿真数据结果的图表处理功能如下。

- 2 维形阵线图：创建 2 维矩形线图。
- 2 维极坐标线图：创建 2 维极坐标线图。
- 3 维矩形等势图：创建 3 维矩形等势图。
- 3 维矩形曲面图：创建 3 维矩形曲面图。
- 3 维极坐标曲面图：创建 3 维极坐标曲面图。

2.4.1.9 视图操作菜单——视图

"视图"菜单提供面板的全局布局，可对当前视图进行不同的操作。"视图"菜单的功能随着当前模型或仿真结果视图的类型而增加或删减（以下是全部功能）。

- 设置网格：设置网格显示参数。
- 颜色设置：设置颜色显示参数。
- 裁剪平面：添加裁剪平面。
- 全局坐标系：显示全局坐标系。
- 世界坐标系：显示世界坐标系。
- 反锯齿：切换反锯齿效果。
- 显示选中对象：显示当前选中的几何对象。
- 排他显示：显示当前选中的几何对象并隐藏其他几何对象。
- 全部显示：显示所有几何对象。
- 隐藏选中对象：隐藏当前选中的几何对象。
- 全部隐藏：隐藏所有几何对象。
- 全局显示：缩放模型，显示全部几何对象。
- 缩放对象：缩放选定的几何对象。
- 线框：只显示几何对象的线框。
- 阴影：只显示几何对象的面。
- 面+边：显示几何对象的面和边。
- X 轴：切换 X 轴显示比例。
- Y 轴：切换 Y 轴显示比例。
- Z 轴：切换 Z 轴显示比例。
- 节点标签：显示几何网格模型的节点编号。
- 查找节点：根据编号查找网格模型的网格节点。
- 查找单元：根据编号查找网格模型的网格单元。
- 选择：切换当前交互模式为选择模式。
- 旋转：切换当前交互模式为旋转模式。
- 平移：切换当前交互模式为平移模式。
- 全局缩放：切换当前交互模式为全局缩放模式。
- 按窗口缩放：切换当前交互模式为窗口缩放模式。
- 透视：切换透视显示模式。
- 立面：切换相机到立面视图。
- 左面：切换相机到左面视图。
- 右面：切换相机到右面视图。
- 前面：切换相机到前面视图。
- 后面：切换相机到后面视图。
- 顶面：切换相机到顶面视图。
- 底面：切换相机到底面视图。

2.4.1.10 窗口菜单——窗口

"窗口"菜单用于管理当前打开的视图窗口,可以通过打开或关闭功能窗口来显示几何对象的状态、任务的进度等信息。

(1) 各类状态条和面板窗口的显示管理功能如下。
- 状态:切换几何视图下方状态条的显示状态。
- 工程:切换工程管理面板的显示状态。
- 属性:隐藏或显示属性窗口,打开此选项后,在选择几何模型后,会在左下角出现"属性"窗口,可在此修改几何模型的属性。
- 控制台:隐藏或显示"控制台"窗口,打开此选项后,可以在几何模型视图下方的"控制台"窗口中查看当前的状态。
- 选项:隐藏或显示"选项"窗口。
- 脚本:隐藏或显示"脚本"窗口,打开此选项后,可以在几何模型视图下方的"脚本"窗口中输入 Python 指令以执行各类操作。
- 任务:隐藏或显示"任务"窗口,打开此选项后,可以在几何模型视图下方查看当前任务的状态、求解进度等信息。
- 全部显示:显示所有驻留窗口。
- 全部隐藏:隐藏所有驻留窗口。
- 重置:重置为默认的窗口布局。

(2) 各种视图窗口的显示管理功能如下。
- 往前:显示前一个窗口。
- 往后:显示后一个窗口。
- 层叠:层叠所有窗口。
- 平铺:平铺所有窗口。
- 正常:把窗口按正常大小排列。
- 复制:复制当前窗口。
- 关闭:关闭当前窗口。
- 全部关闭:关闭所有窗口。

2.4.2 工程管理面板

工程管理面板提供用户对工程和工程里包含的设计与图表模型的数据管理、图形操作,如图 2-9 所示。用户可以通过这个面板创建工程和设计模型,以及启动各种视图和窗口以编辑模型数据、运行仿真分析等。

用户可以对工程管理面板里的对象进行如下操作。
- 单击:选择工程管理树上的各个对象以切换当前工程设计文档和视图等。

图 2-9 工程管理面板

- 双击：打开对象的属性信息。
- 右击：展示对象关联的上下文菜单。

2.4.3 属性编辑面板

属性编辑面板提供对工程、设计模型和图表等对象进行属性编辑的功能，如图 2-10 所示。用户可以在 Rainbow 系列软件中选择各个对象，然后在此面板中查看其属性值，可以直接进行编辑。当用户完成编辑后，对象的属性将更新到模型或工程中，并刷新视图。

图 2-10　属性编辑面板

2.4.4 命令选项面板

当与模型进行命令交互时，用户可以在如图 2-11 所示的命令选项面板中为各种命令设置各个选项。具体的选项参数请参考具体的交互命令。

图 2-11　命令选项面板

2.4.5 模型视图

仿真分析模型和其他仿真分析结果图表等可通过视图窗口显示在如图 2-12 所示的几何模型所在的区域内，双击图表可切换视图。

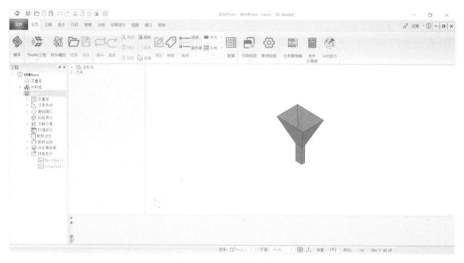

图 2-12　显示模型视图

2.4.6　控制台面板

用户可以通过控制台面板操作 Rainbow 系列软件。软件在运行过程中，各种运行信息（包括错误、警告和提示信息）都会显示在控制台面板中，如图 2-13 所示。用户可以通过控制台面板来检查当前的模型和各种交互操作是否顺利。

图 2-13　控制台面板

2.4.7　脚本控制面板

Rainbow 系列软件内嵌有 Python 脚本解析器，以支持用户进行脚本定制与二次开发。用户可以在如图 2-14 所示的脚本控制面板中，通过 Python 脚本与 Rainbow 系列软件进行交互。

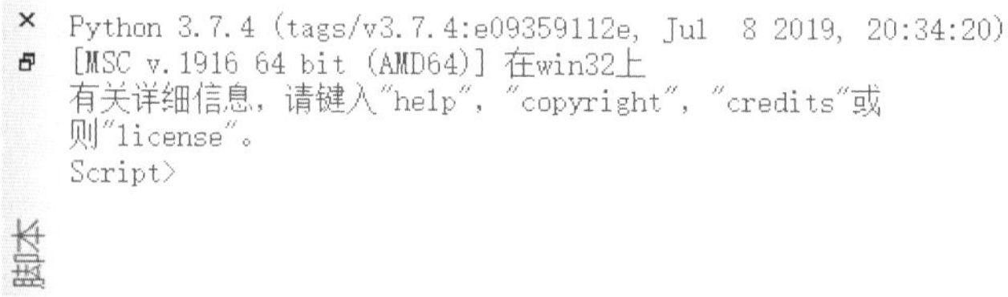

图 2-14　脚本控制面板

2.4.8 任务显示面板

当用户运行仿真分析任务时，Rainbow 系列软件会通过任务显示面板（见图 2-15）显示当前任务的进度和各种运行信息。

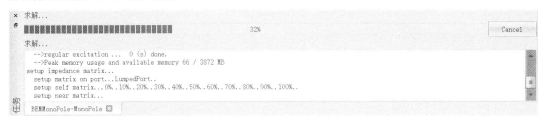

图 2-15　任务显示面板

任务显示面板会显示当前主任务信息及当前进度，同时会显示当前正在执行的子任务信息。用户在需要的时候可以单击"Cancel"按钮终止任务。在任务日志中会显示任务的各种运行信息，可以利用这些信息检查模型设置和仿真结果。求解任务结束后，任务显示面板会显示求解是否成功的信息，如图 2-16 所示。求解成功后，用户可以查看几何模型的近场分布、远场分布等。如果失败，则需要修改几何模型设置。

图 2-16　求解成功

2.5　管理工程

工程包含多个相关的用户设计及其涉及的共享资源等。用户可以在工程里面设置共享的材料和工程变量，并添加一个或多个设计，以完成一个完整的任务。

工程文档是相互独立的文档，它包含一个完整的工程，并以 rbs 为扩展名（二进制文件）存储在系统中，同时可以在不同的用户之间传递。

用户可以通过"文件"菜单下的各个命令创建新的工程文档、打开已有的工程文档、保存或关闭工程文档，也可以在工程管理树中通过单击操作切换当前工程文档。

2.5.1　管理工程材料

材料可以被工程下的多个设计共享。每个工程文档都包含一个工程材料库，其中包含当前可以被工程或设计使用的所有材料。同时，Rainbow 系列软件包含一个预定义的系统材料库，用户可以在需要的时候选择其中的某些材料并把它们复制到工程材料库中。用户也可以按照预定义的规范定义自己的材料库并把它们复制到工程材料库中。

2.5.2 配置工程材料库

用户可以通过选择"工程"→"管理材料"选项打开如图2-17所示的窗口，并在此配置工程材料库。

图2-17 "选择/编辑工程库材料"窗口

以下是"材料库"选区中的一些选项。
- 全选：选择材料库列表中的所有库。
- 删除：删除自定义的用户材料库。
- 插入：加入自定义的用户材料库。
- 系统材料库：在材料库列表中显示系统材料库。
- 工程材料库：在材料库列表中显示工程材料库。
- 用户材料库：在材料库列表中显示用户自定义的材料库。

以下是"材料列表"选区中的一些选项。
- 类别：选择材料过滤所用的属性。
- 值：设置材料过滤的正则表达式的值。

"材料列表"列出了在用户选择的材料库中符合过滤器要求的所有工程材料，包含以下属性。
- 名称：材料名称。
- 位置：材料库类型。
- Usage：材料是否已经被使用。
- 相对介电系数：修改相对介电常数。

- 介质损耗因子：修改电介质损耗角。
- 相对磁导率：修改相对磁导率。
- 磁损耗因子：修改磁介质损耗角。
- 导电率：修改导电率。

用户可以通过如下选项对"材料列表"中的材料进行操作。

- 显示/编辑：显示、编辑选中的材料。
- 增加：添加一种新的材料。
- 克隆：克隆选中的材料。
- 删除：删除选中的材料。
- 导出：将"材料列表"中的材料导出到文件系统中。

2.5.3 添加工程材料

用户可以在如图 2-18 所示的窗口中添加工程材料并修改其属性，然后单击"确认"按钮即可实现工程材料的添加。

图 2-18 添加工程材料

- 名称：材料名称。
- 属性：材料属性。
- 类型：属性描述类型，可以为简单类型（Simple）、单轴类型（Uniaxial）或各向异性类型（Anisotropic）。
- 值：属性值。

当材料类型为单轴类型或各向异性类型时，用户可以输入多个频点下的材料属性值，如图 2-19 所示。

图 2-19　输入多个频点下的材料属性值

2.5.4　管理工程变量

工程变量可以被工程下的多个设计共享。每个工程文档都包含一个工程变量库，其中包含当前可以被工程或设计使用的所有变量。

2.5.4.1　配置工程变量库

用户可以通过选择"工程"→"管理变量"选项打开如图 2-20 所示的对话框，并在此配置工程变量库。

图 2-20　"工程变量库"对话框

用户可以在"工程变量库"对话框中添加用户定制的变量。用户添加的变量包含如下属性。

- 名称：变量名称。
- 表达式：变量表达式的值。
- 值：变量计算值。

- 描述：变量附加说明。

用户可以通过如下按钮操作变量。

- 增加：添加新的变量。
- 删除：删除选中的变量
- 编辑：编辑变量。

Rainbow 系列软件提供了许多预定义的常量，如图 2-21 所示。用户可以在其他变量定义和模型定义中直接使用这些常量。

图 2-21　预定义的常量

2.5.4.2　添加变量

用户可以在"工程变量库"对话框中单击"增加"按钮，然后在如图 2-22 所示的对话框中编辑变量。编辑完成后，单击"确认"按钮确认变量。

图 2-22　"变量属性"对话框

- 名称：变量名称。用户不能使用已经使用过的变量名称，包括系统预定义的常量。
- 表达式：变量表达式的值。
- 描述：变量附加说明。

2.6 设计与几何建模

2.6.1 建模环境介绍

图 2-23 为 Rainbow 系列软件的建模环境。

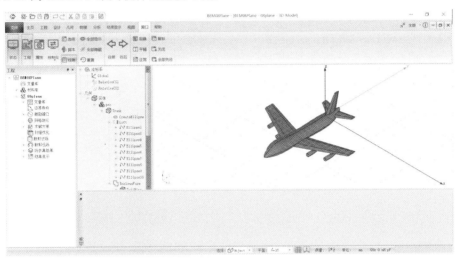

图 2-23　Rainbow 系列软件的建模环境

2.6.2 建模相关的菜单和工具

图 2-24 为建模环境中可能使用到的"几何"选项卡；图 2-25 为建模之前需要进行系统设计时会使用到的"设计"选项卡。

图 2-24　"几何"选项卡

图 2-25　"设计"选项卡

2.6.3 模型工程管理树

模型工程管理树用于管理所有的坐标系和几何模型，如图 2-26 所示，用户可通过选择几何树对象来在属性面板中修改这些对象参数。

图 2-26　几何树对象

2.6.4　建模基础概念

2.6.4.1　建模取点

在建模过程中，一般都会要求用户输入坐标点，当出现如图 2-27 所示的"选项"面板时，建模处于取点模式，在该模式下，用户既可以通过鼠标智能捕捉取点，又可以通过键盘输入点。另外，该面板还提供了一些配置选项以方便用户取点，这些配置选项包括光标移动模式、智能捕捉模式、使用相对或绝对坐标、坐标系统的选择。

- 参考点 R.P。

在建模的时候，光标位置通常是相对于参考点的。参考点显示为一个小的坐标系。

图 2-27　"选项"面板

- 控制光标点的移动可以有下面几种模式。
  - Free：在任意的 3D 空间内移动。
  - In Plane：在参考点平面内移动。
  - Out Of Plane：在垂直于参考点平面的方向上移动。
  - X Axis：在参考点 X 轴方向上移动。
  - Y Axis：在参考点 Y 轴方向上移动。
  - Z Axis：在参考点 Z 轴方向上移动。
- 智能对象捕捉模式有以下几种。
  - Face Prefer：面优先捕捉。
  - Edge Prefer：边优先捕捉。
  - Vertex Prefer：点优先捕捉。
  - None：关闭智能捕捉。
- 绝对坐标和相对坐标。

当输入坐标点时，用户能指定点对应的是相对坐标还是绝对坐标。
  - Absolute：绝对坐标相对于当前活动坐标系。
  - Relative：相对坐标相对于参考点。

- 坐标系统有以下几种。
  - Cartesian：笛卡儿坐标系。
  - Cylindrical：柱面坐标系。
  - Spherical：球面坐标系。

2.6.4.2 坐标系统

坐标系是建模最基础的构件，在建模之前要首先确定当前工作坐标系，可在工程管理树上选择当前工作坐标系，如果打开了网格显示的话，则当前网格显示的就是当前工作坐标系（"网格显示"按钮 及"当前坐标系显示"按钮 ）。每个坐标系都有 XY、YZ 和 ZX 三个平面，建模时可以单击按钮 选择不同的工作平面（建模时会以工作平面为参照平面）。

坐标系统类型有全局坐标系和局部坐标系。
- 全局坐标系是唯一的，每个建模环境有且只有一个全局坐标系，并且不能被删除和修改。
- 局部坐标系可以有多个，它是用户自己创建的。一共有三类局部坐标系。
  - 相对坐标系

相对坐标系的原点和方向是相对于另外一个已经存在的坐标系而言的。相对坐标系能使用户很容易地创建相对于其他坐标系的对象。如果用户修改一个相对坐标系，那么所有创建在这个坐标系中的模型都会受到影响，位置和方向也会相应地改变。创建相对坐标系有以下三种方式。

（1）相对常规坐标系的创建。

① 单击按钮 。

② 输入相对常规坐标系的原点。

③ 输入相对常规坐标系的 X 轴点。

④ 输入相对常规坐标系的 Y 轴点。

⑤ 完成坐标系的创建后，在工程管理树上会生成节点"RelativeCS1"，如图 2-28 所示。

⑥ 可在如图 2-29 所示的属性面板上修改 RelativeCS1 坐标系的参数。

图 2-28　创建相对常规坐标系　　　　图 2-29　修改 RelativeCS1 坐标系的参数

（2）相对平移坐标系的创建。

① 单击按钮 。

② 输入相对平移坐标系的原点。

③ 完成坐标系的创建后，在工程管理树上生成的节点与如图 2-28 所示的节点相同。

（3）相对旋转坐标系的创建。

① 单击按钮 相对旋转 。

② 输入相对旋转坐标系的 X 轴点。

③ 输入相对旋转坐标系的 Y 轴点。

④ 完成坐标系的创建后，在工程管理树上生成的节点与如图 2-28 所示的节点相同。

> 对象平面坐标系

对象平面坐标系是指用户把坐标系的原点定义在对象的一个平面上并和平面建立关联，当平面位置和方向改变时，创建在该平面上的对象也会改变。对象平面坐标系能使用户很容易地把模型创建在相对对象的平面上。

① 单击按钮 面 。

② 在建模环境中选择一个平面。

③ 在选择的平面上智能捕捉一个点作为坐标系的原点。

④ 在选择的平面上智能捕捉一个点作为坐标系的 X 轴点。

⑤ 完成坐标系的创建后，在工程管理树上会生成节点，如图 2-30 所示。

> 对象坐标系

对象坐标系是用户定义的关联一个指定对象的相对坐标系。对象坐标系的原点或方向关联着对象，当对象模型参数改变时，所有建立在对象坐标系中的模型都会做相应的变化。对象坐标系有以下三种形式。

（1）对象常规坐标系的创建。

① 单击按钮 对象常规 。

② 智能捕捉对象上的一个点作为对象常规坐标系的原点。

③ 智能捕捉对象上的一个点作为对象常规坐标系的 X 轴点。

④ 智能捕捉对象上的一个点作为对象常规坐标系的 Y 轴点。

⑤ 完成对象常规坐标系的创建后，工程管理树上会生成相应的节点，如图 2-31 所示。

图 2-30　创建对象平面坐标系　　　　图 2-31　创建对象常规坐标系

（2）对象平移坐标系的创建。

① 单击按钮 对象平移 。

② 智能捕捉对象上的一个点作为对象平移坐标系的原点。

③ 完成对象平移坐标系的创建后，工程管理树上生成的节点与如图 2-31 所示的节点相同。

④ 可在工程管理树上面修改平移对象坐标系的参数，如图 2-32 所示。

（3）对象旋转坐标系的创建。

① 单击按钮 对象旋转 。

② 智能捕捉对象上的一个点作为对象旋转坐标系的 X 轴点。
③ 智能捕捉对象上的一个点作为对象旋转坐标系的 Y 轴点。
④ 完成对象旋转坐标系的创建后，工程管理树上生成的节点与如图 2-31 所示的节点相同。
⑤ 可在工程管理树上修改旋转对象坐标系参数，如图 2-33 所示。

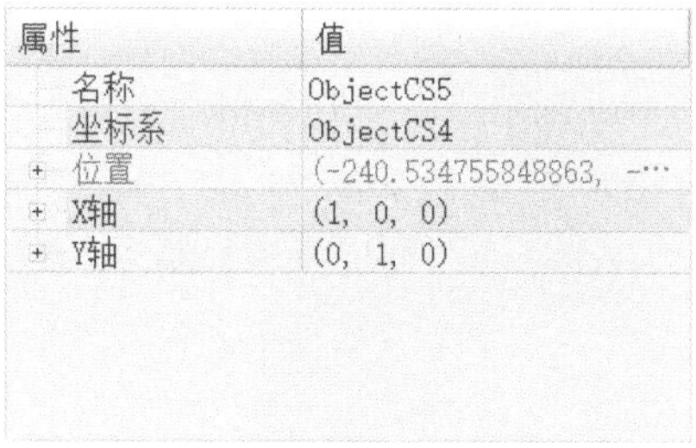

图 2-32　修改平移对象坐标系的参数 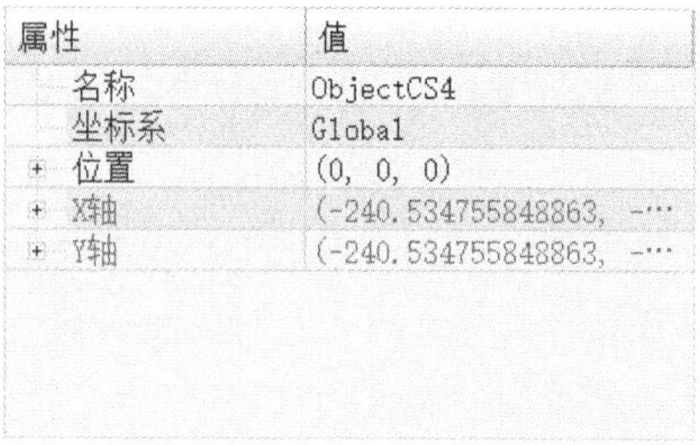　　　图 2-33　修改旋转对象坐标系参数

2.6.5　模型设置

2.6.5.1　模型长度单位

模型文档使用统一的长度单位。

（1）单击"设计"选项卡中的"长度单位"按钮。

（2）在"模型长度单位"对话框中选择要使用的长度单位，如图 2-34 所示。

图 2-34　选择长度单位

2.6.5.2　导入外部标准格式模型

Rainbow 系列软件可支持的外部文件类型包括 HFSS 文档、3D 文档、2D 文档，支持的标准格式包括 AEDT、BREP、IGES、STEP、STL 和 DXF 等，同时支持导入三维网格文件。

（1）单击"几何"选项卡中的按钮 。

（2）在"导入"对话框中选择要导入的文件。

（3）完成导入后，系统会将导入的模型添加到工程管理树上面。

2.6.5.3　导出外部标准格式模型

Rainbow 系列软件可支持导出的外部标准格式包括 BREP、IGES、STEP、STL 和 VRML。

（1）单击"几何"选项卡中的按钮 。

（2）在"导出"对话框中输入要导出的文件名。

2.6.6 视图操作

视图交互模式包括选择、旋转、平移和缩放，其中缩放模式包括全局缩放和按窗口缩放两种，如图 2-35 所示。

图 2-35　视图交互模式

2.6.6.1 选择模式

选择模式包括对象（Object）、面（Face）、边（Edge）、顶点（Vertex）和网格（Element）五种模式，如图 2-36 所示。

图 2-36　五种选择模式

（1）单击对象选择按钮 Object，在这种模式下选择的物体是整个对象。
（2）单击面选择按钮 Face，在这种模式下选择的是对象上的面。
（3）单击边选择按钮 Edge，在这种模式下选择的是对象上的边。
（4）单击顶点选择按钮 Vertex，在这种模式下选择的是对象上的顶点。
（5）单击网格选择按钮 Element，在这种模式下选择的是对象上的网格。

2.6.6.2 平移模式

（1）单击视图平移按钮 平移。
（2）在视图中按下鼠标左键，然后拖动，实现视图的平移。
（3）释放鼠标左键，完成一次平移操作。

2.6.6.3 旋转模式

（1）单击视图旋转按钮 旋转。
（2）在视图中按下鼠标左键，然后拖动，实现视图的旋转。
（3）释放鼠标左键，完成一次旋转操作。

2.6.6.4 全局缩放

（1）单击"全局缩放"按钮 全局缩放。
（2）在视图中按下鼠标左键，然后拖动，实现视图的全局缩放。
（3）释放鼠标左键，完成一次全局缩放操作。

2.6.6.5 按窗口缩放

（1）单击"按窗口缩放"按钮 ![按窗口缩放] 。

（2）在视图中使用鼠标画一个矩形框，视图会显示矩形框选中的几何模型。

2.6.6.6 视图照相机视角

（1）单击按钮 ![]，显示立面视角。

（2）单击按钮 ![左面]，显示左面视角。

（3）单击按钮 ![右面]，显示右面视角。

（4）单击按钮 ![前面]，显示前面视角。

（5）单击按钮 ![后面]，显示后面视角。

（6）单击按钮 ![顶面]，显示顶面视角。

（7）单击按钮 ![底面]，显示底面视角。

2.6.7 几何对象的编辑

几何对象的编辑包括删除、复制、粘贴。

2.6.7.1 删除操作

工程管理树上的对象有坐标系、几何模型、构建几何模型的命令，这些都可删除。

（1）在工程管理树上选择要删除的对象。

（2）单击按钮 ![删除]，或者按 Delete 快捷键。

（3）完成对象的删除后，工程管理树上的节点会一起被删除。

2.6.7.2 剪切板复制操作

几何对象可以被复制到剪切板上，然后粘贴到当前或其他设计文档中。

（1）在工程管理树上选择要复制的几何对象。

（2）单击按钮 ![拷贝]，或者按 Ctrl+C 组合键。

（3）完成复制操作后，"粘贴"按钮会变成可用状态。

（4）在目标设计文档中单击"粘贴"按钮，可将剪切板中的几何对象粘贴到目标文档中。

2.6.8 基础几何的创建

用户需要通过"几何"选项卡中的各功能按钮创建几何模型。

2.6.8.1 点 Point（0 维）建模

（1）单击按钮 ![+] 。

（2）输入点坐标，完成点的创建，工程管理树上添加的节点如图 2-37 所示。

（3）可在如图 2-38 所示的属性面板中修改点的参数。

图 2-37 创建点

图 2-38 修改点的参数

2.6.8.2 线 Curve（1 维）建模

线是由一条或多条线段首尾相连而成的。Rainbow 系列软件可支持的线段类型包括直线段、3 点圆弧、角度圆弧、贝塞尔曲线、样条曲线、多段线、抛物线、螺旋曲线、弹簧曲线和方程曲线。

● 创建直线段。

（1）单击按钮 z 。

（2）输入第一个点。

（3）输入第二个点并双击，完成直线段的创建，工程管理树上添加的节点如图 2-39 所示。

（4）可在如图 2-40 所示的属性面板中修改直线段的参数。

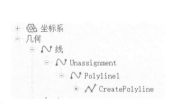

图 2-39 创建直线段

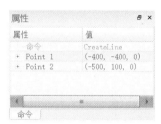

图 2-40 修改直线段的参数

● 创建 3 点圆弧。

（1）单击按钮 ⌒ 。

（2）输入起点。

（3）输入弧线中间点。

（4）输入终点并双击，完成 3 点圆弧的创建，工程管理树上添加的节点如图 2-41 所示。

（5）可在如图 2-42 所示的属性面板里修改 3 点圆弧的参数。

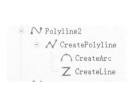

图 2-41 创建 3 点圆弧

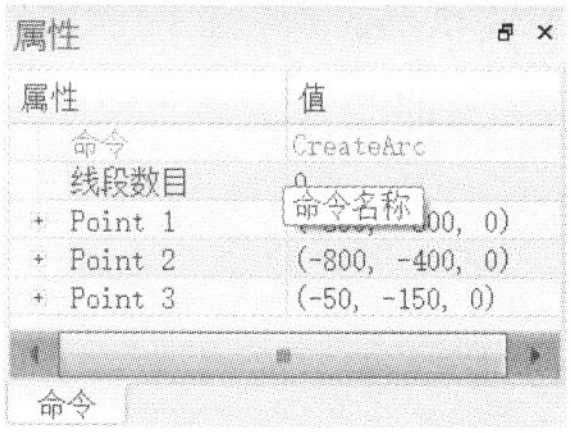

图 2-42 修改 3 点圆弧的参数

● 创建角度圆弧。

（1）单击按钮 ⌒ 。

（2）输入圆弧的起点。

（3）输入弧线圆心点。

（4）输入第三个点以确定弧线扫过的角度并双击，结束角度圆弧的创建，工程管理树上添加的节点如图 2-43 所示。

（5）可在如图 2-44 所示的属性面板里修改角度圆弧的参数。

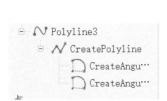

图 2-43　创建角度圆弧

图 2-44　修改角度圆弧的参数

- 创建贝塞尔曲线。

（1）单击按钮 。

（2）输入第一个控制点。

（3）输入第二个控制点或后续控制点并双击，结束点的输入。创建贝塞尔曲线后，工程管理树上添加的节点如图 2-45 所示。

（4）可在如图 2-46 所示的属性面板里修改贝塞尔曲线的参数。

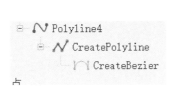

图 2-45　创建贝塞尔曲线

图 2-46　修改贝塞尔曲线的参数

- 创建样条曲线。

（1）单击按钮 。

（2）输入第一个点。

（3）输入第二个点或后续点并双击，结束点的输入，创建出样条曲线，工程管理树上添加的节点如图 2-47 所示。

（4）可在如图 2-48 所示的属性面板里修改样条曲线的参数。

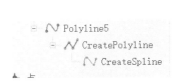

图 2-47　创建样条曲线

图 2-48　修改样条曲线的参数

● 创建多段线。

任何一种线段模式都可以创建多段线，下面以创建直线段为入口进行介绍。

（1）单击按钮 z 。

（2）可以在如图 2-49 所示的选项面板中切换线段类型。

（3）参照前面介绍的方法创建不同的线段类型。

（4）若要创建闭合的多段线，则选中"Close Polyline"复选框。

（5）完成多段线的创建后，工程管理树上添加的节点如图 2-50 所示。

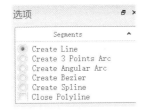

图 2-49　切换线段类型

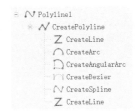

图 2-50　创建多段线

● 创建抛物线。

（1）单击按钮 。

（2）输入抛物线顶点。

（3）输入第二个点以确定抛物线的形状。

（4）创建完抛物线后，工程管理树上添加的节点如图 2-51 所示。

（5）可在如图 2-52 所示的属性面板里修改抛物线的参数。

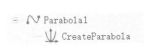

图 2-51　创建抛物线　　　　　　　　图 2-52　修改抛物线的参数

● 创建螺旋曲线。

（1）单击按钮 。

（2）输入螺旋曲线中心点。

(3) 输入螺旋曲线内半径点。

(4) 输入螺旋曲线半径差。

(5) 输入螺旋曲线外半径点。

(6) 完成螺旋曲线的创建后，工程管理树上添加的节点如图 2-53 所示。

(7) 可在如图 2-54 所示的属性面板里修改螺旋曲线的参数。

图 2-53　创建螺旋曲线　　　图 2-54　修改螺旋曲线的参数

- 创建弹簧曲线。

(1) 单击按钮　。

(2) 输入弹簧曲线中心点。

(3) 输入弹簧曲线内半径点。

(4) 输入弹簧曲线半径差。

(5) 输入弹簧曲线外半径点。

(6) 输入弹簧曲线高度。

(7) 完成弹簧曲线的创建后，工程管理树上添加的节点如图 2-55 所示。

(8) 可在如图 2-56 所示的属性面板里修改弹簧曲线的参数。

图 2-55　创建弹簧曲线　　　图 2-56　修改弹簧曲线的参数

- 创建方程曲线。

(1) 单击按钮　，打开如图 2-57 所示的对话框。

(2) 在该对话框中输入曲线方程式及其定义域。

(3) 单击 "OK" 按钮，完成方程曲线的创建，工程管理树上添加的节点如图 2-58 所示。

(4) 可在如图 2-59 所示的属性面板中修改方程曲线的参数。

图 2-57 "方程曲线"对话框　　图 2-58 创建方程曲线　　图 2-59 修改方程曲线的参数

2.6.8.3 面 Sheet（2 维）建模

封闭的线可以构成面，Rainbow 系列软件可支持的标准面建模类型包括长方形面、圆形面、椭圆形面、扇面、正多边形面、抛物面。

● 长方形面的创建。

（1）单击按钮 ▫ 。

（2）输入长方形的第一个角点。

（3）输入长方形的第二个角点，完成长方形面的创建，工程管理树上添加的节点如图 2-60 所示。

（4）可在如图 2-61 所示的属性面板里修改长方形面的参数。

图 2-60 创建长方形面　　　　　图 2-61 修改长方形面的参数

● 圆形面的创建。

（1）单击按钮 ○ 。

（2）输入圆心点。

（3）输入圆的半径，完成圆形面的创建，工程管理树上添加的节点如图 2-62 所示。

（4）可在如图 2-63 所示的属性面板里修改圆形面的参数。

图 2-62 创建圆形面　　　　　图 2-63 修改圆形面的参数

● 椭圆形面的创建。

（1）单击按钮 ○ 。

(2）输入椭圆的中心点。

(3）输入椭圆的第一个轴点。

(4）输入椭圆的第二个轴点，完成椭圆形面的创建，工程管理树上添加的节点如图 2-64 所示。

(5）可在如图 2-65 所示的属性面板里修改椭圆形面的参数。

图 2-64　创建椭圆形面

图 2-65　修改椭圆形面的参数

- 扇面的创建。

(1）单击按钮 ◇。

(2）输入扇面的中心点。

(3）输入扇面的半径。

(4）输入扇面的弧度，完成扇面的创建，工程管理树上添加的节点如图 2-66 所示。

(5）可在如图 2-67 所示的属性面板中修改扇面的参数。

图 2-66　创建扇面

图 2-67　修改扇面的参数

- 正多边形面的创建。

(1）单击按钮 ○。

(2）输入正多边形的中心点。

(3）输入正多边形的起点和边数，完成正多边形面的创建，工程管理树上添加的节点如图 2-68 所示。

(4）可在如图 2-69 所示的属性面板里修改正多边形面的参数。

图 2-68　创建正多边形面

图 2-69　修改正多边形面的参数

- 抛物面的创建。
（1）单击按钮 。
（2）输入抛物面的顶点。
（3）输入第二个点以确定抛物面的开口半径。
（4）输入第三个点以确定抛物面的深度。
（5）完成抛物面的创建后，工程管理树上添加的节点如图 2-70 所示。
（6）可在如图 2-71 所示的属性面板中修改抛物面的参数。

图 2-70　创建抛物面　　　　　　图 2-71　修改抛物面的参数

2.6.8.4　体 Solid（3 维）建模

一组封闭的面构成体，Rainbow 系列软件可支持的标准体建模类型包括长方体、楔体、圆柱体、正棱柱体、圆锥体、正棱锥体、圆环体、球体、椭球体、键合线、封装球。

- 长方体的创建。
（1）单击按钮 。
（2）输入第一个角点。
（3）输入第二个角点，画出一个长方形。
（4）输入第三个角点，完成长方体的创建，工程管理树上添加的节点如图 2-72 所示。
（5）可在如图 2-73 所示的属性面板里修改长方体的参数。

图 2-72　创建长方体　　　　　　图 2-73　修改长方体的参数

- 楔体的创建。
（1）单击按钮 。
（2）输入第一个角点。
（3）输入第二个角点，画出一个长方形。
（4）输入第三个角点，画出一个长方体。
（5）输入第四个角点以确定楔体顶端的长和宽。

（6）完成楔体的创建后，工程管理树上添加的节点如图 2-74 所示。

（7）可在如图 2-75 所示的属性面板里面修改楔体的参数。

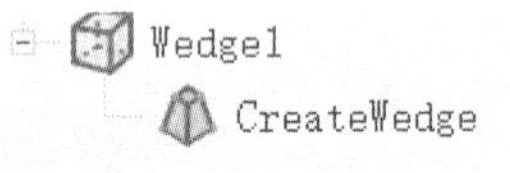

图 2-74　创建楔体

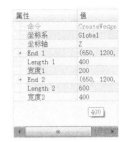

图 2-75　修改楔体的参数

- 圆柱体的创建。

（1）单击按钮 ⬚ 。

（2）输入圆的中心点。

（3）输入圆周上的起点，画出一个圆。

（4）输入圆柱的高点，完成圆柱体的创建，工程管理树上添加的节点如图 2-76 所示。

（5）可在如图 2-77 所示的属性面板里修改圆柱体的参数。

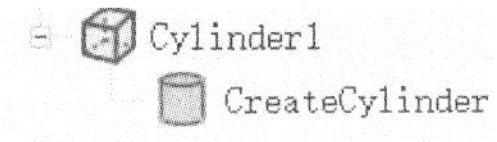

图 2-76　创建圆柱体

图 2-77　修改圆柱体的参数

- 正棱柱体的创建。

（1）单击"圆柱体"下拉菜单中的按钮 ⬚ 。

（2）输入底面正多边形的中心点。

（3）输入正棱柱体底面的起点，画出一个正多边形。

（4）输入正棱柱体的高度，完成正棱柱体的创建，工程管理树上添加的节点如图 2-78 所示。

（5）可在如图 2-79 所示的属性面板里修改正棱柱体的参数。

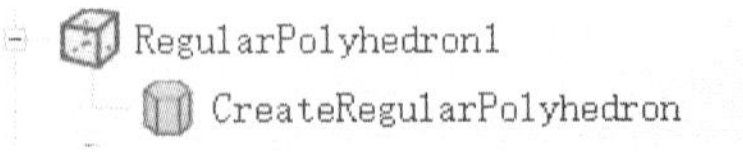

图 2-78　创建正棱柱体

图 2-79　修改正棱柱体的参数

- 圆锥体的创建。

（1）单击按钮 ⬚。

（2）输入圆心点。

（3）输入下表面圆周点，画出下表面圆。

（4）输入上表面圆周点，画出上表面圆。

（5）输入圆锥的高点，完成圆锥的创建，工程管理树上添加的节点如图 2-80 所示。

（6）可在如图 2-81 所示的属性面板里修改圆锥体的参数。

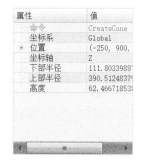

图 2-80　创建圆锥体　　　　　　　　图 2-81　修改圆锥体的参数

- 正棱锥体的创建。

（1）单击"圆锥"下拉菜单中的按钮 ⬚。

（2）输入圆心点。

（3）输入下表面圆周点，画出下表面圆。

（4）输入上表面圆周点，画出上表面圆。

（5）输入正棱锥体的高点和边数，完成正棱锥体的创建，工程管理树上添加的节点如图 2-82 所示。

（6）可在如图 2-83 所示的属性面板里修改正棱锥体的参数。

图 2-82　创建正棱锥体　　　　　　　　图 2-83　修改正棱锥体的参数

- 圆环体的创建。

（1）单击按钮 ⬚。

（2）输入圆心点。

（3）输入第一个圆周点。

（4）输入第二个圆周点，完成圆环体的创建，工程管理树上添加的节点如图 2-84 所示。

（5）可在如图 2-85 所示的属性面板里修改圆环体的参数。

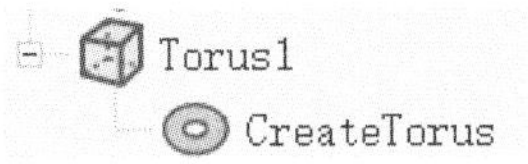

图 2-84　创建圆环体 　　　　　　　　图 2-85　修改圆环体的参数

- 球体的创建
（1）单击按钮 ●。
（2）输入球心点。
（3）输入球半径点，完成球体的创建，工程管理树上添加的节点如图 2-86 所示。
（4）可在如图 2-87 所示的属性面板里修改球体的参数。

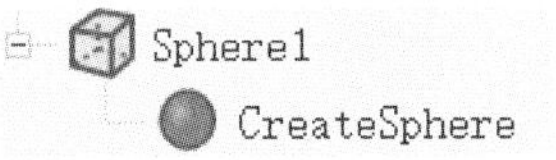

图 2-86　创建球体 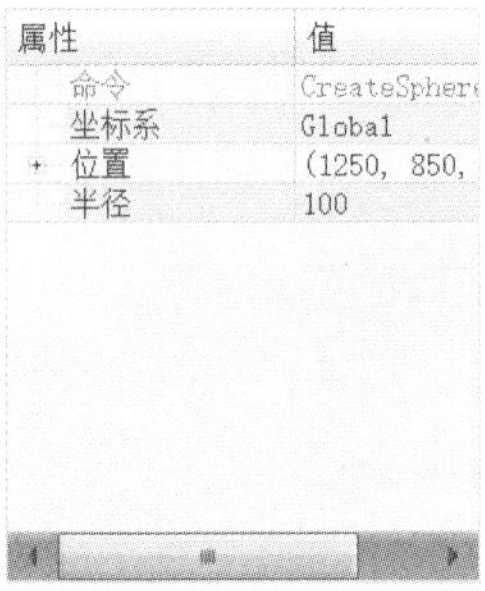　　　　　　　　图 2-87　修改球体的参数

- 椭球体的创建。
（1）单击按钮 ●。
（2）输入圆心点。
（3）输入 X 轴上的半径，画出一个椭圆。
（4）输入 Y 轴上的半径，画出一个椭圆。
（5）输入 Z 轴上的半径，画出一个椭圆。
（6）完成椭球体的创建后，工程管理树上添加的节点如图 2-88 所示。
（7）可在如图 2-89 所示的属性面板里修改椭球体的参数。

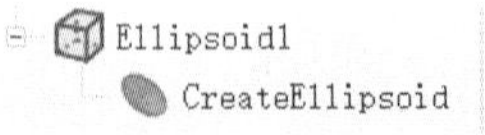

图 2-88　创建椭球体 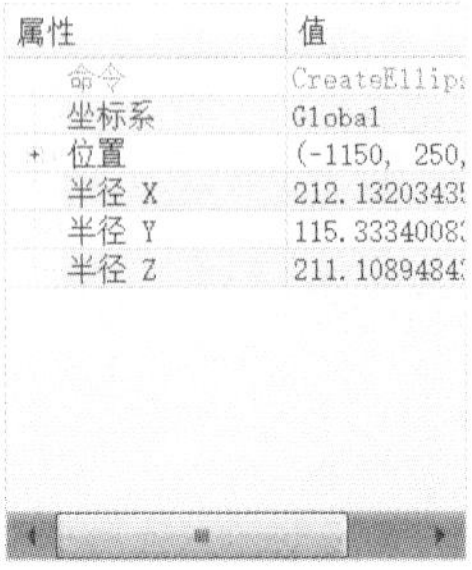　　　　　　　　图 2-89　修改椭球体的参数

● 键合线的创建。

（1）单击按钮 ⌐。

（2）输入起点。

（3）输入终点。

（4）在如图 2-90 所示的对话框中输入如下键合线参数。

规范：选择键合线标准模板。

H1：显示或设置键合线的上升高度。

H2：显示或设置键合线的起点和终点的高度差。

Alpha：显示或设置键合线的起始端角度。

Beta：显示或设置键合线的终止端角度。

面数：设置键合线的近似面的总数，0 表示圆面。

直径：设置键合线的直径。

（5）单击"OK"按钮，完成键合线的创建，工程管理树上添加的节点如图 2-91 所示。

（6）可在如图 2-92 所示的属性面板里修改键合线的参数。

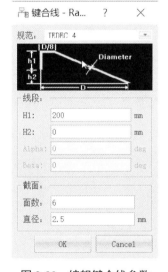

图 2-90　编辑键合线参数　　　图 2-91　创建键合线　　　图 2-92　修改键合线的参数

● 封装球的创建。

（1）在"椭球体"下拉菜单中单击按钮 。

（2）输入底面的中心点。

（3）输入底面圆的半径。

（4）输入封装球最大圆环处的半径。

（5）输入封装球的高度。

（6）输入封装球的边数，完成创建，工程管理树上添加的节点如图 2-93 所示。

（7）可在如图 2-94 所示的属性面板里修改封装球的参数。

图 2-93 创建封装球

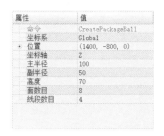

图 2-94 修改封装球的参数

2.6.9 衍生建模

衍生建模是指根据已有的几何体生成新的几何体。衍生建模包括拉伸、旋转实体、扫略、加厚、覆盖平面封闭线、覆盖带孔的平面封闭线、偏移平面曲线、放样、法向偏移曲面、用 2D 凸包替换几何和用包围盒替换几何。

- 拉伸。

拉伸操作是指沿着一指定的向量拉伸对象。拉伸的对象可以是点、线、面。通过拉伸操作，点变成线、线变成面、面变成体。

（1）选择一个或多个点、线或面对象。

（2）单击按钮 。

（3）输入拉伸向量的起点。

（4）输入拉伸向量的终点，完成拉伸操作，工程管理树上会添加节点"GenerateExtrusion"，如图 2-95 所示。

（5）可在如图 2-96 所示的属性面板中修改拉伸操作的参数。

图 2-95 进行拉伸操作

图 2-96 修改拉伸操作的参数

- 旋转实体。

旋转操作是指绕着指定的坐标轴旋转对象。旋转的对象可以是点、线、面。通过旋转操作，点变成线、线变成面、面变成体。

（1）选择一个或多个点、线或面对象。

（2）单击按钮 。

（3）设置旋转轴（相对于当前活动坐标系）和旋转角度，如图 2-97 所示。

（4）完成旋转操作后，历史树上会添加节点"GenerateRevolution"，如图 2-98 所示。

（5）可在如图 2-99 所示的属性面板中修改旋转操作的参数。

图 2-97　设置旋转轴和旋转角度　　图 2-98　进行旋转操作　　图 2-99　修改旋转操作的参数

- 扫略。

扫略操作是指沿着指定的线扫略对象。扫略操作的对象可以是点、线、面。通过扫略操作，点变成线、线变成面、面变成体。

（1）选择一个或多个点、线或面对象。

（2）按住 Shift 键，再添加一条轨迹线，步骤（1）中选择的对象会沿着轨迹线扫略。

（3）单击按钮 。

（4）完成扫略操作后，工程管理树上会添加节点"GeneratePipe"，如图 2-100 所示。

- 加厚。

加厚是指沿着平面法线方向加厚平面对象以形成实体。

（1）选择一个或多个要加厚的平面对象。

（2）单击按钮 。

（3）设置厚度及是否对称加厚两面，如图 2-101 所示。

图 2-100　进行扫略操作　　　　　图 2-101　设置厚度及是否对称加厚两面

（4）完成加厚操作后，工程管理树上会添加节点"ThickenSheet"，如图 2-102 所示。

（5）可在如图 2-103 所示的属性面板中修改加厚操作的参数。

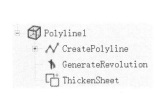

图 2-102　进行加厚操作　　　　　图 2-103　修改加厚操作的参数

- 覆盖平面封闭线。

覆盖平面封闭线是指覆盖平面封闭的线以形成一个面。

（1）选择一个或多个要覆盖的封闭线对象。

(2)单击按钮 ◈。

(3)完成覆盖的平面封闭线操作后,工程管理树上会添加节点"CoverPlanarCurve",如图 2-104 所示。

● 覆盖带孔的平面封闭线。

覆盖带孔的平面封闭线是指覆盖平面封闭的线以形成一个面,且其中含有孔。

(1)选择一个或多个要覆盖的封闭线对象,其中包含孔。

(2)单击按钮 ◈。

(3)完成覆盖带孔的平面封闭线操作后,工程管理树上会添加节点"CoverPlanarCurveWithHoles",如图 2-105 所示。

图 2-104 进行覆盖平面封闭线操作

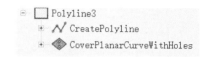

图 2-105 进行覆盖带孔的平面封闭线操作

● 偏移平面曲线。

偏移平面曲线是指沿选定的方向偏移平面曲线以形成一个曲线或封闭的曲线。

(1)选择一个或多个要偏移的平面曲线对象。

(2)单击按钮 。

(3)完成偏移平面曲线操作后,工程管理树上会添加节点"OffsetPlanarCurve",如图 2-106 所示。

(4)可在如图 2-107 所示的属性面板中修改偏移平面曲线的参数。

图 2-106 进行偏移平面曲线操作

图 2-107 修改偏移平面曲线的参数

坐标轴:沿选定的 X/Y/Z 轴偏移。

偏移:偏移的水平距离。

高度:偏移的垂直高度。

连接类型:设置平面曲线连接点的连接方式。

是否开放:确认是否使偏移后的曲线和原始曲线形成封闭的曲线。

首端包装:曲线起点的封闭形状。

末端包装:曲线终点的封闭形状。

● 放样。

放样操作是指根据选择的一系列线对象生成曲面或实体模型。

（1）按照一定的次序选择一系列线对象（按住 Ctrl 键进行多项选择）。提示：选择时要一个一个地单击选择，不要框选，因为顺序很重要，单击选择的顺序决定结果。

（2）单击按钮 。

（3）完成放样操作后，工程管理树上添加的节点如图 2-108 所示。

（4）可在如图 2-109 所示的属性面板中修改放样操作的参数。

图 2-108　进行放样操作　　　　　　图 2-109　修改放样操作的参数

- 法向偏移曲面。

法向偏移曲面是指根据选择的平面沿平面法向扫描生成实体模型。

（1）将选择模式切换为面选择模式，选择所需扫描的平面（按住 Ctrl 键进行多项选择）。

（2）单击按钮 。

（3）如图 2-110 所示，输入扫描高度。

（4）单击"OK"按钮，完成扫描操作，工程管理树上会添加节点"SweepFaceAlongNormalFrom"和"SweepFaceAlongNormalTo"，如图 2-111 所示。

（5）可在如图 2-112 所示的属性面板中修改法向偏移曲面操作的参数。

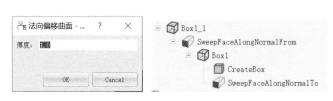

图 2-110　输入扫描高度　　图 2-111　进行法向偏移曲面操作　　图 2-112　修改法向偏移曲面操作的参数

- 用 2D 凸包替换几何。

用 2D 凸包替换几何是指用所选择的平面上的点、线和面的 2D 凸包生成新的曲线。

（1）选择平面上的点、线或面（按住 Ctrl 键进行多项选择）。

（2）单击按钮 。

（3）完成替换操作后，工程管理树上会添加节点"CreateConvexHull2d"，如图 2-113 所示。

- 用包围盒替换几何。

用包围盒替换几何是指用所选择的平面上的点、线和面的包围盒生成新的曲线。

（1）选择对象上的点、线或面。

（2）单击按钮 。

（3）完成替换操作后，工程管理树上会添加节点"CreateBoundingBox"，如图 2-114 所示。

图 2-113　进行 2D 凸包替换操作　　　　图 2-114　进行包围盒替换操作

2.6.10　对象转换

对象转换有平移、旋转、镜像、缩放和各向异性缩放五种。
- 平移。

平移操作是指沿着指定的方向平移对象。
（1）选择要平移的对象（任何点、线、面和体）。
（2）单击按钮 平移 。
（3）输入平移向量的起点。
（4）输入平移向量的终点。
（5）完成平移操作后，工程管理树上会添加节点"TransformTranslation"，如图 2-115 所示。
（6）可在如图 2-116 所示的属性面板中修改平移操作的参数。

图 2-115　进行平移操作　　　　图 2-116　修改平移操作的参数

- 旋转。

旋转操作是指沿着指定的坐标轴和角度旋转对象。
（1）选择要旋转的对象（任何点、线、面和体）。
（2）单击按钮 旋转 。
（3）设置旋转轴和旋转角度，如图 2-117 所示。
（4）完成旋转操作后，工程管理树上会添加节点"TransformRotation"，如图 2-118 所示。
（5）可在如图 2-119 所示的属性面板中修改旋转操作的参数。

图 2-117　设置旋转轴和旋转角度　　图 2-118　进行旋转操作　　图 2-119　修改旋转操作的参数

- 镜像。

镜像操作是指沿着指定的平面镜像对象。

（1）选择要镜像的对象（任何点、线、面和体）。
（2）单击按钮 镜像 。
（3）输入镜像平面法线的原点。
（4）输入镜像平面法线的终点。
（5）完成镜像操作后，工程管理树上会添加节点"TransformMirror"，如图 2-120 所示。
（6）可在如图 2-121 所示的属性面板中修改镜像操作的参数。

图 2-120　进行镜像操作

图 2-121　修改镜像操作的参数

- 缩放。

缩放操作是对指定的几何实施缩放操作。
（1）选择要缩放的对象。
（2）单击按钮 缩放 。
（3）设置缩放倍数，如图 2-122 所示。
（4）单击"OK"按钮，完成缩放操作，工程管理树上会添加节点"TransformScale"，如图 2-123 所示。
（5）可在如图 2-124 所示的属性面板中修改缩放操作的参数。

图 2-122　设置缩放倍数

图 2-123　进行缩放操作

图 2-124　修改缩放操作的参数

- 各向异性缩放。

各向异性缩放操作是指对指定的几何沿 X、Y、Z 轴分别实施缩放操作。
（1）选择要缩放的对象。
（2）单击按钮 各向异性缩放 。
（3）设置各向异性缩放倍数，如图 2-125 所示。

图 2-125　设置各向异性缩放倍数

（4）单击"确认"按钮，完成各向异性缩放操作，工程管理树上会添加节点"GeometricTransformScale"，如图2-126所示。

（5）可在如图2-127所示的属性面板中修改各向异性缩放操作的参数。

图2-126 进行各向异性缩放操作

图2-127 修改各向异性缩放操作的参数

2.6.11 对象复制

- 原地复制。

原地复制是指在原地复制几何对象。

（1）选择要原地复制的对象（任何点、线、面和体）。

（2）单击按钮 🗐。

（3）完成原地复制操作后，工程管理树上会添加原地复制的对象节点，如图2-128所示。

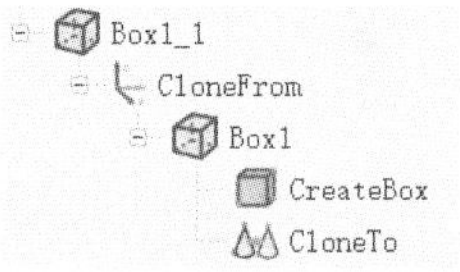

图2-128 进行原地复制操作

- 平移复制。

平移复制是指沿着给定的向量线性阵列对象。

（1）选择要平移复制的对象（任何点、线、面和体）。

（2）单击按钮 平移。

（3）输入平移向量的起点。

（4）输入平移向量的终点。

（5）设置平移复制的对象总数，如图2-129所示。

（6）完成平移复制操作后，工程管理树上会添加平移复制的对象节点，如图2-130所示。

（7）可在如图2-131所示的属性面板中修改平移复制操作的参数。

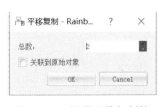

图2-129 设置平移复制的对象总数

图2-130 进行平移复制操作

图2-131 修改平移复制操作的参数

- 旋转复制。

旋转复制是指沿着给定的坐标轴和角度旋转阵列对象。

（1）选择要旋转复制的对象（任何点、线、面和体）。

(2）单击按钮 旋转 。
(3）设置旋转轴、旋转角度及复制的总数，如图2-132所示。
(4）完成旋转复制操作后，工程管理树上会添加旋转复制的对象节点，如图2-133所示。
(5）可在如图2-134所示的属性面板中修改旋转复制操作的参数。

 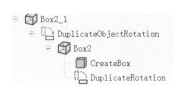 

图2-132　设置旋转轴、旋转角度　　图2-133　进行旋转复制操作　　图2-134　修改旋转复制操作
　　　　　及复制的总数　　　　　　　　　　　　　　　　　　　　　　　　　　　的参数

- 镜像复制。

镜像复制是指沿着给定的平面镜像复制选择的对象。
(1）选择要镜像复制的对象（任何点、线、面和体）。
(2）单击按钮 镜像 。
(3）输入镜像平面法线的原点。
(4）输入镜像平面法线的终点。
(5）完成镜像复制操作后，工程管理树上会添加镜向复制的对象节点，如图2-135所示。
(6）可在如图2-136所示的属性面板中修改镜像复制操作的参数。

图2-135　进行镜像复制操作　　　　　图2-136　修改镜像复制操作的参数

2.6.12　布尔操作

- 合并。

布尔并操作的结果是目标集合对象的并集。
(1）选择两个或多个对象（选择的对象的维度必须相同，如都是体或都是面）。
(2）单击按钮 合并 。
(3）完成合并操作后，工程管理树上会添加节点"BooleanFuse"，如图2-137所示。

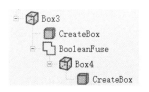

- 裁剪。

布尔差操作的结果是主体对象和目标集合对象的差集。　　　　图2-137　进行合并操作

（1）选择两个或多个对象，第一个选择的对象是主体对象（主体对象的维度要小于或等于非主体对象的维度，即如果主体对象是面，那么非主体对象必须是面或体）。

（2）单击按钮 裁剪 。

（3）完成裁剪操作后，工程管理树上会添加节点"BooleanCut"，如图 2-138 所示。

- 相交。

布尔交操作的结果是目标集合对象的交集。

（1）选择两个或多个对象，第一个选择的对象是主体对象。

（2）单击按钮 相交 。

（3）完成相交操作后，工程管理树上会添加节点"BooleanCommon"，如图 2-139 所示。

- 截交。

截交操作的结果是目标几何对象交集的轮廓线。

（1）选择两个或多个对象。

（2）单击按钮 截交 。

（3）完成截交操作后，工程管理树上会添加节点"BooleanSection"，如图 2-140 所示。

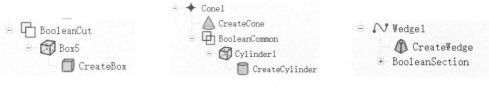

图 2-138　进行裁剪操作　　图 2-139　进行相交操作　　图 2-140　进行截交操作

- 分割。

分割操作是指把对象根据坐标系统平面进行切分。

（1）选择要分割的对象。

（2）单击按钮 分割 。

（3）设置分割平面，如图 2-141 所示。

（4）完成分割操作后，工程管理树上会添加节点"BooleanSplit"，如图 2-142 所示。

（5）可在如图 2-143 所示的属性面板中修改分割操作的参数。

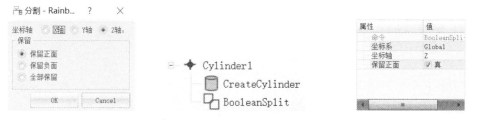

图 2-141　设置分割平面　　图 2-142　进行分割操作　　图 2-143　修改分割操作的参数

- 封闭实体。

封闭实体是由一系列的对象包围起来构成的新实体。

（1）选择要用来构成新实体的对象集合。

（2）单击按钮 封闭实体 。

（3）完成封闭实体操作后，工程管理树上会添加相应的节点，如图 2-144 所示。

图 2-144　进行封闭实体操作

2.6.13　几何修饰

- 倒角

倒角是指把几何体的棱角切削成一定的斜面。

（1）选择要修饰的对象。

（2）单击按钮 倒角 。

（3）设置倒角的距离，如图 2-145 所示。

（4）完成倒角操作后，工程管理树上会添加倒角的对象节点，如图 2-146 所示。

图 2-145　设置倒角的距离

图 2-146　进行倒角操作

- 圆角。

圆角是指把几何体的棱角切削成圆面。

（1）选择要修饰的对象。

（2）单击按钮 圆角 。

（3）设置圆角的半径，如图 2-147 所示。

（4）完成圆角操作后，工程管理树上会添加圆角的对象节点，如图 2-148 所示。

图 2-147　设置圆角的半径

图 2-148　进行圆角操作

2.6.14　创建空气盒

在 FEM 模型中，可以为整个模型添加一个空气盒以包含整个几何模型。

（1）单击 按钮，为整个几何模型添加一个空气盒。

（2）在弹出的对话框中设置空气盒的外延距离（默认值），如图 2-149 所示。

（3）添加空气盒后，工程管理树上添加的对象节点如图 2-150 所示。

（4）可在如图 2-151 所示的属性面板中修改空气盒的参数。

图 2-149　设置空气盒的外延距离　　图 2-150　添加空气盒　　图 2-151　修改空气盒的参数

2.7　设置边界条件

用户需要为设计中的仿真模型定义各种边界，这些边界类型包括理想电导体边界、理想磁导体边界、理想辐射边界等。用户可以选择"物理"→"理想电导体"选项，然后在其下拉菜单中选择各选项，从而为仿真分析设计模型添加各种边界。

2.7.1　设置理想电导体边界

用户可选择"物理"→"理想电导体"选项，然后在其下拉菜单中选择"理想电导体"选项，会弹出如图 2-152 所示的对话框，在此设置理想导电体边界的参数。

图 2-152　设置理想电导体边界的参数

2.7.2　设置理想磁导体边界

用户可选择"物理"→"理想电导体"选项，然后在其下拉菜单中选择"理想磁导体"选项，会弹出如图 2-153 所示的对话框，在此设置理想磁导体边界的参数。

第 2 章　Rainbow Studio 软件的基本操作

图 2-153　设置理想磁导体边界的参数

2.7.3　设置理想辐射边界

用户可选择"物理"→"理想电导体"选项，然后在其下拉菜单中选择"理想辐射边界"选项，会弹出如图 2-154 所示的对话框，在此设置理想辐射边界的参数。

图 2-154　设置理想辐射边界的参数

2.7.4　设置集总 RLC 边界

用户可通过选择"物理"→"集总 RLC"选项来进行集总 RLC 边界的设置，如图 2-155 所示。

图 2-155　设置集总 RLC 边界

2.7.5　设置有限导体边界

用户可以通过选择"物理"→"有限导体"选项来进行有限导体边界的设置，如图 2-156 所示。用户可以在如图 2-156 所示的对话框中修改导电率、相对介电系数及物体的表面粗糙度。

图 2-156　设置有限导体边界

2.7.6　设置常规阻抗边界

用户可以通过选择"物理"→"常规阻抗"选项来设置常规阻抗边界，如图 2-157 所示。

图 2-157　设置常规阻抗边界

2.7.7　设置多层阻抗边界

用户可以通过选择"物理"→"多层阻抗"选项来设置多层阻抗边界，如图 2-158 所示。

图 2-158　设置多层阻抗边界

2.7.8 设置优先级

如果对模型中的一个几何结构设置了多个边界条件,那么用户需要通过选择"物理"→"优先级"选项来进行优先级的设置。在如图 2-159 所示的对话框中设置不同类型的边界之间的优先级。

图 2-159　设置优先级

 ## 2.8　设置端口激励

用户需要为设计的仿真模型定义各种端口与激励方式,这些激励方式包括集总端口激励、波端口激励与平面波激励。用户可以选择"物理"→"集总端口"选项,然后选择其下拉菜单中的各种端口,从而为仿真分析设计模型添加各种端口激励方式。

2.8.1 设置集总激励端口

用户可以选择"物理"→"集总端口"选项,然后在如图 2-160 所示的对话框中设置集总激励端口参数。

图 2-160　设置集总激励端口参数

设置完成后,可以在"激励端口"目录下找到刚添加的集总激励端口 P1,然后在其下拉菜单中双击"1",如图 2-161 所示,打开"激励积分线"对话框,如图 2-162 所示,可以在其中设置阻抗、积分线等参数。可以通过单击"编辑"按钮重新指定积分线的起始及终点,以此来改变激励的方向。

图 2-161　打开集总激励端口

图 2-162　设置激励积分线

2.8.2　设置波端口

用户可以选择"物理"→"集总端口"选项，然后在其下拉菜单中可以设置圆形波端口、共轴波端口、矩形波端口，如图 2-163 所示。在选中对应平面后，可以为选择的平面添加端口。图 2-164 是为圆形波端口添加端口激励。

图 2-163　设置各种波端口

图 2-164　为圆形波端口添加端口激励

在"圆形波端口激励"对话框中，可以修改激励的名称、极化函数、阻抗，以及积分线的起点、终点等。

2.8.3　设置平面波端口激励

用户可以选择"物理"→"平面波"选项，然后在如图 2-165 所示的对话框中设置平面波端口激励参数。

- 名称：激励名称。
- Wave Phi：入射波的 Phi 角度。
  ➢ 起点：起始角度。

- 终点：终止角度。
- 步进：递进角度。
- Wave Theta：入射波的 Theta 角度。
  - 起点：起始角度。
  - 终点：终止角度。
  - 步进：递进角度。
- 位置：入射波原点。
  - X：X 坐标。
  - Y：Y 坐标。
  - Z：Z 坐标。
- Eo Vector：入射波矢量。
  - Phi：入射波的 Phi 方向分量。
  - Theta：入射波的 Theta 方向分量。

图 2-165　设置平面波端口激励

2.8.4　设置等效远场辐射波

用户可以选择"物理"→"辐射波"选项，然后在如图 2-166～图 2-168 所示的对话框中设置理想辐射波激励参数。

可以在图 2-166 中指定理想辐射波激励的辐射位置、辐射角度及 3 维图形示意的长度。

可以在图 2-167 中指定不同的天线类型，也可以修改数据源的幅度与相位。

图 2-166　设置理想辐射波激励参数 1

图 2-167　设置理想辐射波激励参数 2

在图 2-168 中，可以对理想辐射波激励的频率和长度进行设置，也可以修改它在几何模型视图中的显示方式，可以选择"按 DB 显示""使用纹理""归一化""覆盖几何模型""显示网格边线"。

图 2-168 设置理想辐射波激励参数 3

2.8.5 端口排序

仿真分析结束后,当输出波端口之间的 S 参数时,用户可以对输出 S 参数模型的端口进行排序。用户可以选择"物理"→"重新排序"选项,然后在如图 2-169 所示的对话框中进行排序。

图 2-169 "激励端口排序"对话框

2.8.6 场域强度

设置完端口激励后,用户可以选择"物理"→"场域强度"选项来设置端口的幅度和相位,如图 2-170 所示。

图 2-170 设置场域强度

2.8.7 切换激励源的显示方式

当设置多个激励源时,用户可以选择"物理"→"切换激励源显示"选项,此时会弹出如图 2-171 所示的对话框,可在此对话框中通过勾选激励源来切换激励源的显示方式。

图 2-171 切换激励源的显示方式

 ## 2.9 设置网格剖分参数

用户可以通过选择"物理"→"网格"选项来为设计中的仿真分析模型设置网格剖分参数。

2.9.1 设置初始网格控制参数

初始网格控制参数控制设计中所有几何的默认网格剖分参数。网格数量的多少将影响计算结果的精度和计算规模的大小。一般来讲,网格数量增加,计算精度会有所提高,但同时计算规模会增大,因此,在确定网格数量时,应权衡这两个因素,综合考虑。用户可以选择"物理"→"初始网格"选项,然后在如图 2-172 所示的对话框中设置这些参数。

用户可以选择不同的网格大小模式并设置网格大小。通过设置网格,可以优化网格剖分的速度,从而优化求解速度。

2.9.2 设置曲面逼近网格控制参数

曲面逼近网格控制参数控制设计中所有几何的默认曲面逼近网格剖分参数。用户可以选择"物理"→"曲面近似"选项,然后在如图 2-173 所示的对话框中设置这些参数。

图 2-172 设置初始网格控制参数

图 2-173 "表面粗糙度网格控制"对话框

2.9.3 设置几何顶点网格长度控制参数

用户可以通过选择"物理"→"点"选项为特定的点设置网格大小,如图 2-174 所示。

图 2-174 设置几何顶点网格长度控制参数

2.9.4 设置几何边线网格长度控制参数

用户可以通过选择"物理"→"边"选项为特定的边长设置网格大小,如图 2-175 所示。

图 2-175 设置几何边线网格长度控制参数

2.9.5 设置几何面网格长度控制参数

用户可以通过选择"物理"→"面"选项为特定的面设置网格大小,如图 2-176 所示。

图 2-176 设置几何面网格长度控制参数

2.9.6 设置几何内部网格长度控制参数

用户可以通过选择"物理"→"体"选项为特定的几何体设置网格大小,如图 2-177 所示。

图 2-177　设置几何内部网格长度控制参数

2.10　仿真求解

用户可以通过选择"分析"→"添加求解方案"选项为设计添加求解器控制参数。

2.10.1　添加 FEM 求解器控制参数

用户可以在如图 2-178 和图 2-179 所示的对话框中设置 FEM 求解器控制参数。

图 2-178　设置 FEM 求解器控制参数 1[①]　　图 2-179　设置 FEM 求解器控制参数 2

在图 2-178 中,用户可以设置求解器的名称、频率、数据精度及基函数阶数等。

在图 2-179 中,用户可以设置迭代参数,设置得步幅越小,求解精度越高,但是相应的求解速度也会越慢。

2.10.2　添加 BEM 求解器控制参数

用户可以在如图 2-180 和图 2-181 所示的对话框中设置 BEM 求解器控制参数。

注:①软件图中的"基函数介数"的正确写法为"基函数阶数"。

图 2-180　设置 BEM 求解器控制参数 1

图 2-181　设置 BEM 求解器控制参数 2

在图 2-180 中，用户可以设置 BEM 求解器的仿真名称、仿真频率、数据精度、基函数阶数，以及是否启用组合场积分方程方法计算。

在图 2-181 中，用户可以选择求解算法，不同的场合使用不同的求解算法可以加快求解速度。

2.10.3　添加频率扫描参数

用户选中添加的求解方案后，可以通过选择"分析"→"添加扫频方案"选项来添加频率扫描参数，如图 2-182 所示。

图 2-182　添加频率扫描参数

用户可以在图 2-182 中修改扫描的类型，这里选择"Interpolating"类型，它会从 1GHz 开始运算到 2GHz，逐次运算 101 次；如果选择"Discrete"类型，则会减少运算的次数，从而加快求解速度。

2.10.4 模型的验证与求解

设置好求解器控制参数后，用户可以通过选择"分析"→"验证设计"选项，检查所有的模型仿真设置是否完整、有效，包括几何模型是否有错误、边界条件和端口激励是否完整、网格剖分参数是否合理、求解器控制参数是否合理等，如图2-183所示。

用户可以通过选择"分析"→"求解设计"选项对设计的所有求解方案进行仿真分析。用户可以通过进度显示面板查看仿真分析的进度和显示信息，如图2-184所示。

图 2-183　进行验证分析

图 2-184　求解设计

2.11　仿真分析结果显示

2.11.1　仿真分析网格显示

用户可以在仿真分析前或仿真分析后查看几何模型的网格剖分情况，并根据结果调整网格剖分控制参数。

用户可以通过选择"物理"→"网格"选项对几何模型直接做网格剖分分析，如图2-185所示。

- 名称：网格的名称。
- 方案：仿真求解器或频率扫描设置。

添加网格后的几何模型如图2-186所示。

图 2-185　添加网格　　　　　　　图 2-186　添加网格后的几何模型

2.11.2　仿真分析几何近场显示

在仿真分析结束后，用户可以选择模型的某个或多个几何结构，然后查看其上的电流、电场、磁场等的分布与流动情况。用户可以选择"物理"→"J 电流模"选项为选择的几何结构添加电场、磁场、电流等的分布与流动情况。在工程管理树中，Rainbow 系列软件会把这些新增的结果显示添加到"场仿真结果"目录下。

用户可以在如图 2-187 所示的对话框中设置几何近场显示参数。

- 名称：修改名称。
- 方案：仿真求解器或频率扫描设置。
- 频率：指定具体的仿真频率点。
- 相位：指定具体的相位。

图 2-187　设置几何近场显示参数

完成后，用户可以通过选择工程管理树下的"场仿真结果"→"散射近场"→"J Field→JMag3"选项，然后在模型视图中切换成如图 2-188 所示的近场视图。

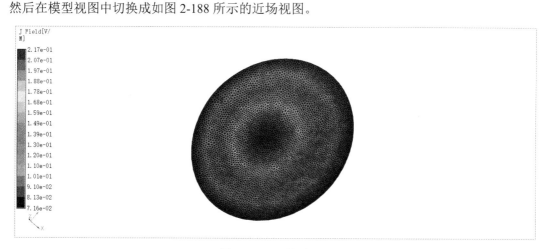

图 2-188　近场视图

2.11.3　仿真分析远场显示

在仿真分析结束后，用户可以通过仿真分析观察模型的远场结果，包括 RCS 图和其他三维显示。用户可以通过选择"物理"→"球面"选项来设置远场球面观察角度。在工程管理树中，Rainbow 系列软件会把这些新增的远场球面观察角度添加到"散射远场"目录下。用户可以通过如图 2-189 所示的对话框设置球形远场观察参数。

- 名称：修改名称。
- 坐标系：本地坐标系。
- Phi：设置球面坐标系里的 Phi 轴的范围。
  - 取样方法：角度取样法。
  - 起点：起始取样角度。
  - 终点：终止取样角度。
  - 步幅：角度取样递进值。

- Theta：设置球面坐标系里的 Theta 轴的范围。
  - 取样方法：角度取样法。
  - 起点：起始取样角度。
  - 终点：终止取样角度。
  - 步幅：角度取样递进值。
- 3 维图形示意：
  - 长度：3 维图形示意的长度。

图 2-189 设置球形远场观察参数

设置完球形远场观察参数后，需要对球场进行计算，然后用户可以通过选择"结果显示"→"远场图表"选项，创建各种形式的视图，包括线图、曲面、极坐标显示、天线辐射图等。在工程管理树中，Rainbow 系列软件会把这些新增的视图显示添加到"结果显示"目录下。

2.12 仿真分析图表与报告

二维与三维数据分析和可视化功能既可以作为 Rainbow EMViewer 产品独立运行，又可以无缝集成在无锡飞谱电子信息技术有限公司（以下简称"飞谱"）的 Rainbow@系列的所有软件中，以提供用户对飞谱系列软件的仿真分析结果进行数据二维或三维显示、测量和运算的功能。

2.12.1 图表的创建

根据内在或外部数据源，Rainbow 系列软件可以根据用户的需要创建不同的二维、三维图表和报告。用户可以通过选择"结果显示"→"远场图表"→"3 维极坐标曲面图"选项创建 S 参数图表，如图 2-190 所示。

Rainbow 系列软件会把创建的图表添加到工程管理树的"结果显示"目录下。

图 2-190 创建 S 参数图表

在如图 2-191 所示的对话框中，可以进行以下设置。
（1）设置数据源对象以指定图表创建所需的数据源。
（2）设置图表的 X/Y 轴的数据项。

（3）设置数据源的各种过滤项及其相应的值。
（4）单击"新增图表"按钮，生成相应的图表或图表元素。
（5）单击"关闭"按钮，关闭对话框。

图 2-191　"Rainbow 图表生成器"对话框

2.12.2　数据源过滤区域

如图 2-191 所示，"数据源"选区中包含当前工程设计包含的所有数据源。用户可以在这个选区中利用不同的属性过滤需要用来创建图表的数据源。

- 方案：指定数据源关联的仿真求解方案或频率扫描方案。
- 激励：指定数据源关联的仿真模型端口激励。
- 传感源：指定数据源关联的远场观察参数。

用户可以在过滤后的数据源列表中选择一个或多个需要用来创建图表和报告的数据源。

2.12.3　图表结果数据选择区域

针对不同的仿真分析或测量应用，可以有不同类型的结果数据。可以在如图 2-192 所示的区域里选择创建图表时需要作为因变量的数据类别和数据项。例如，针对 S 参数结果数据，可以是 S|Y|Z 参数等；针对散射问题仿真数据，可以是 RCS-Total、Gain 等。

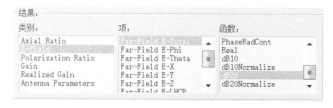

图 2-192　图表结果数据选择区域

用户可以根据名称过滤数据结果的类别和数据项；可以在"结果"选区中选择一个或多个数据结果项来创建图表。

2.12.4 图表坐标系数据过滤区域

可以在如图 2-193 所示的区域中设置图表各个 X|Y 坐标系所需的数据类型、数据项及数据值。

图 2-193　图表坐标系数据过滤区域

- 通过下拉列表来指定 X|Y 的数据项。
- 设置其他过滤数据项的值以指定需要创建的图表元素。

2.12.5 图表视图显示

Rainbow 系列软件为仿真结果分析与数据处理提供了多种格式的图表显示，包括表格，一维、二维和三维的笛卡儿坐标系或极坐标系。

用户可以双击工程管理树的"结果显示"目录下的图表对象，打开图表视图，如图 2-194 所示。

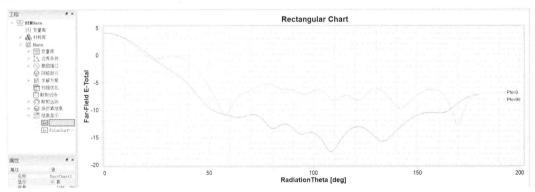

图 2-194　打开二维图表视图

每个图表视图都包含一个图表单元树和一个图表窗口。

2.12.5.1 图表单元树

用户可以在如图 2-195 所示的图表单元树中添加、删除、显示、隐藏图元等。

图 2-195 图表单元树

2.12.5.2 二维线图表

用户可以以图 2-196 所示的二维线图表的形式显示仿真结果。

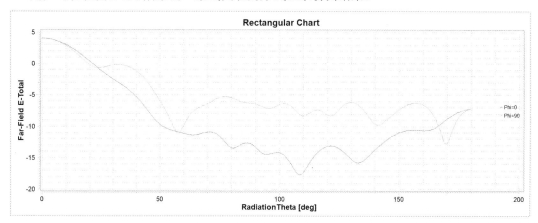

图 2-196 二维线图表

在这个图表中可以进行以下操作。
- Shift+鼠标左键：拖动可以平移图表。
- Shift+鼠标滚轮：可以沿 X 轴放大或缩小图表。
- Ctrl+鼠标滚轮：可以沿 Y 轴放大或缩小图表。
- 单击曲线，可以加粗并高亮显示选中的曲线。
- 单击鼠标右键，使用快捷菜单切换数据格式。
- 单击鼠标右键，使用快捷菜单添加一维或二维的标记线。

2.12.5.3 三维正则图表

用户可以如图 2-197 所示的三维正则图表的形式显示仿真结果。
在这个图表中可以进行以下操作。
- 拖动平移图表。
- 滚动鼠标滚轮来放大、缩小图表。
- 单击鼠标右键，使用快捷菜单切换数据格式。

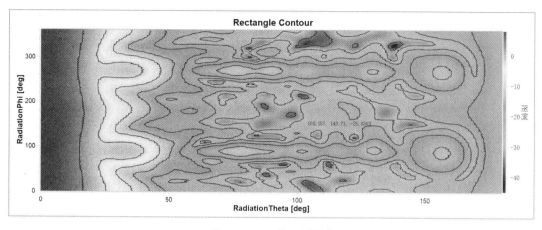

图 2-197　三维正则图表

2.12.5.4　三维极坐标图表

用户可以如图 2-198 所示的三维极坐标图表的形式显示仿真结果。

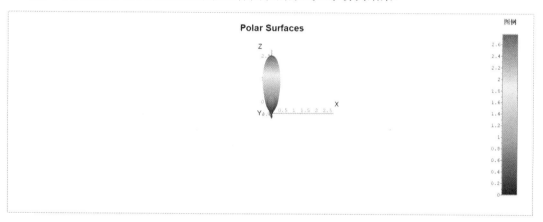

图 2-198　三维极坐标图表

在这个图表中可以进行以下操作。
- 拖动平移图表。
- 滚动鼠标滚轮来放大、缩小图表。
- 单击鼠标右键，使用快捷菜单切换数据格式。

2.13　定制脚本

Rainbow Studio 仿真分析平台的所有系统都支持基于 Python 3.4 版本以上的脚本定制。用户可以通过命令行参数，在程序启动时自动执行定制的 Python 脚本，也可以在程序启动后通过用户界面手工导入并执行这些脚本。

2.13.1 脚本导入

用户可以通过如下命令行参数在程序启动时自动执行定制的 Python 脚本：

```
RainbowStudio -script python_file_path
```

在程序启动并完成用户界面显示后，用户也可以通过选择"主页"→"脚本"选项，从文件系统中选择 Python 脚本并导入程序中。

程序执行 Python 脚本时产生的 Python 输出信息将在脚本控制面板中显示。用户也可以通过这个控制面板以交互的方式输入 Python 脚本，并获取 Python 脚本的计算结果。

2.13.2 Python 命令

用户可以在脚本控制面板中输入各种 Python 3.7 语言支持的各种命令和语句。

2.13.2.1 帮助信息

打开脚本命令后，输入 help()命令，会显示如图 2-199 所示的 Python 版本及其他帮助信息。

图 2-199　显示 Python 版本及其他帮助信息

2.13.2.2 数学运算、输入/输出、用户模块导入

用户可以在脚本控制面板中输入数学运算，也可以进行模块导入和输入/输出操作，如图 2-200 所示。

图 2-200　数学运算、输入/输出、用户模块导入

2.13.2.3 退出程序

当需要退出程序时，只需输入 quit()命令即可，如图 2-201 所示。

图 2-201　退出程序

2.13.3 工程和 3D 模型的创建

2.13.3.1 获取主窗口并创建各种文档和模型

可以在脚本控制面板中获取 Rainbow 系列软件提供的各种用户界面访问接口（如主窗口、消息引擎）并创建各种文档和模型，如图 2-202 所示。

```
Script>
Script>
Script>
Script> mainWindow=theRBSMainWindow
Script> mainWindow
<RBStudioUI.RBSMainWindow object at 0x000002558F147F30>
Script> mainMessage=theMessageSingleton
Script> mainMessage
<RSimTech.Message object at 0x00000255FED59090>
Script> mainMessage.Message("Create RBS documentation")
Script> RBSDocument=mainWindow.RBSNewRBSDocument()
Script>
```

图 2-202 获取主窗口并创建各种文档和模型

2.13.3.2 创建工程模型及各种共享数据（包括系统材料、变量等）

用户可以在脚本控制面板中输入命令以创建工程模型、指定材料、新建变量等，如图 2-203 所示。

```
Script> ProjectModel = blankDocument.ProjectModel
Script> ProjectModel.OpenCommand()
Script> MaterialAir = ProjectModel.Material("air")
Script> MaterialER22 = ProjectModel.CreateMaterial("er2_2")
Script> MaterialER22.RelativePermittivity.Simple = "2.2"
Script> ProjectModel.UpdateModel()
True
Script> ProjectModel.CommitCommand()
```

图 2-203 创建工程模型及各种共享数据

2.13.3.3 创建 FEM/BEM 设计

用户可以通过命令创建 FEM/BEM 设计，如图 2-204 所示。

```
Script>
Script>
Script>
Script>
Script> FEM1DesignDocumentModule = blankDocument.NewDocumentModuleFEMDesign("AnnularRingLump")
Script> FEMDesign1 = FEM1DesignDocumentModule.DesignModel
Script> FEMDesign1.OpenCommand()
Script>
```

图 2-204 创建 FEM/BEM 设计

2.13.3.4 创建三维几何模型（包括坐标系、各种几何结构等）

用户可以通过命令创建三维几何模型、相对坐标系，并为各模型指定坐标，如图 2-205 所示。

```
Script>
Script>
Script>
Script> GlobalCS = BEMDesign1.GlobalCS
Script> FeedCS = BEMDesign1.CreateGeomCSRelative("FeedCS", "Global", ("0.0", "0.0", "0.6"),
("1.0", "0.0", "0.0"), ("0.0", "-1.0", "0.0"))
Script> MainReflector = BEMDesign1.CreateGeomSheetParaboloid("MainReflector", "Global", "Z",
("0.0", "0.0", "0.0"), "0.6", "1.5")
```

图 2-205 创建三维几何模型

2.13.3.5 设置模型仿真参数

用户可以通过命令为模型指定边界、添加激励及求解方案等，如图 2-206 所示。

```
Script>
Script>
Script>
Script>
Script> BoundaryPEC = BEMDesign1.AddBoundaryPEC("PEC1")
Script> BoundaryPEC.AddBoundaryShape([MainReflector])
False
Script> DipoleWave = BEMDesign1.AddExcitationEquivalentWavePoint("DipoleWave")
Script> DipoleWave.CSObject = FeedCS
Script> DipoleWave.AntennaObject.Type = "HertzDipole"
Script> DipoleWave.AntennaObject.PreviewShown = True
Script> DipoleWave.AntennaObject.PreviewLength = "0.25"
Script> SolutionBEM = BEMDesign1.AddSolution("Solution1")
Script> SolutionBEM.SolutionFreq = "Freq"
Script> SolutionBEM.SolveMethod = 4
Script> SolutionBEM.IPOPTDEnableFlag = True
```

图 2-206　设置模型仿真参数

2.13.3.6 刷新模型显示

当所有的 Python 语句执行完毕并成功创建 3D 电磁场模型后，调用“BEMDesignl.UpdateModel()”语句刷新模型在脚本控制面板中的显示，如图 2-207 所示。

```
Script>
Script>
Script>
Script> BEMDesign1.UpdateModel()
True
Script>
```

图 2-207　刷新模型显示

2.13.4 Rainbow 脚本接口

Rainbow Studio 仿真分析平台提供了丰富的 Python 脚本接口，用户可以通过这些接口访问 Rainbow Studio 平台中的界面、数据及流程控制等。

2.13.4.1 Rainbow Studio 仿真分析平台架构

Rainbow Studio 仿真分析平台采用标准的文档模型—视图—控制架构，以面向对象的概念构建数据和界面模型。

2.13.4.2 Rainbow Studio 仿真分析平台主窗口

用户可以通过如下的全局变量直接获得 Rainbow Studio 仿真分析平台的主窗口。通过 RBSMain 这个主窗口，用户可以添加、删除及获取当前打开的工程等。

- RBSNewRBSDocument→document/null：生成新的 Rainbow Studio 工程文档。
- RBSNewRBSDocumentFEM→document/null：生成新的 Rainbow Studio 工程文档，包含一个新的 FEM 设计。
- RBSNewRBSDocumentBEM→document/null：生成新的 Rainbow Studio 工程文档，包含一个新的 BEM 设计。
- RBSNewRBVDocument→document/null：生成新的 Rainbow EMViewer 工程文档。

- OpenDocument→document/null：打开文件系统中已有的工程文档。
- OpenDocumentExample→document/null：打开安装系统下的示例工程文档。
- SaveActiveDocument→True/False：保存当前工程文档。
- SaveDocument→True/False：保存指定的工程文档。
- SaveAllDocument：保存所有打开的工程文档。
- CloseActiveDocument→True/False：关闭当前工程文档。
- CloseDocument→True/False：关闭当前或指定的工程文档。
- CloseAllDocument：关闭所有打开的工程文档。
- ActiveDocument→True/False：设置当前工程文档。
- GetActiveDocument：获取当前工程文档。
- GetDocument→document/null：获取指定的工程文档。
- ExitProgram：退出程序。

2.13.4.3　RBS 工程文档对象

RBS 工程文档对象管理 Rainbow Studio 工程文档的各种数据与方法。它包含以下方法和属性。

- NewDocumentModuleFEMDesign→FEMDocumentModule/null：生成新的 FEM 设计文档。
- NewDocumentModuleBEMDesign→BEMDocumentModule /null：生成新的 BEM 设计文档。
- GetProjectModel→RBSProjectModel/null：获取工程模型对象。
- SaveDocument→True/False：保存工程文档。
- SaveAsDocument→True/False：另存工程文档。
- GetDocumentModule(module)→BEMDocumentModule/FEMDocumentModule /null：获取指定的设计文档。

2.13.4.4　RBS 工程对象

RBS 工程对象管理 Rainbow Studio 工程模型的各种数据与方法。它包含以下方法和属性。

- AddMaterial→Material/null：添加新的工程材料。
- CreateMaterial (Material)→Material/null：以指定名称添加新的工程材料。
- GetMaterial (Material)→Material /null：获取工程材料对象。
- DelMaterial (Material)→True/False：删除工程材料对象。
- DelMaterialByName (Material)→True/False：删除指定名称的工程材料对象。
- AddVariableVariable (name, value, description)→Variable/null：添加新的工程变量。
- GetVariable (name)→Variable/null：获取工程变量对象。
- DelVariable (Variable)→True/False：删除工程变量对象。
- DelVariableByName→True/False：删除指定名称的工程变量对象。

2.13.4.5　工程材料对象

工程材料对象描述仿真分析模型中用到的材料对象的数据，它包含以下方法与属性。

- GetUsage→True/False：查看材料对象是否被使用。
- GetBulkConductivity→BulkConductivity/null：获取材料的导电率。
- GetDielectricLossTangent→DielectricLossTangent /null：获取材料的介质损耗。
- GetMagneticLossTangent→MagneticLossTangent /null：获取材料的磁损耗。
- GetRelativePermeablivity→RelativePermeablivity /null：获取材料的相对介电常数。
- GetRelativePermitivity→RelativePermitivity /null：获取材料的相对磁导率。

2.13.4.6 工程材料导电率

工程材料导电率包含以下方法与属性。

- GetType→int：查看材料导电率参数的类型。
- SetType (type) →True/False：设置材料导电率参数的类型。
- GetValue→string：查看材料导电率参数的数值。
- SetValue→True/False：设置材料导电率参数的数值。

2.13.4.7 工程材料介质损耗

工程材料的介质损耗包含以下方法与属性。

- GetType→int：查看材料介质损耗参数的类型。
- SetType (type)→True/False：设置材料介质损耗参数的类型。
- GetValue→string：查看材料介质损耗参数的数值。
- SetValue→True/False：设置材料介质损耗参数的数值。

2.13.4.8 工程材料磁损耗

工程材料的磁损耗包含以下方法与属性。

- GetType→int：查看材料磁损耗参数的类型。
- SetType→True/False：设置材料磁损耗参数的类型。
- GetValue→string：查看材料磁损耗参数的数值。
- SetValue →True/False：设置材料磁损耗参数的数值。

2.13.4.9 工程材料相对介电常数

工程材料的相对介电常数包含以下方法与属性。

- GetType→int：查看材料相对介电常数参数的类型。
- SetType→True/False：设置材料相对介电常数参数的类型。
- GetValue→string：查看材料相对介电常数参数的数值。
- SetValue→True/False：设置材料相对介电常数参数的数值。

2.13.4.10 工程材料相对磁导率

工程材料的相对磁导率包含以下方法与属性。

- GetType→int：查看材料相对磁导率参数的类型。
- SetType (type) →True/False：设置材料相对磁导率参数的类型。

- GetValue→tring：查看材料相对磁导率参数的数值。
- SetValue (type)→True/False：设置材料相对磁导率参数的数值。

2.13.4.11　工程变量对象

工程变量对象为仿真模型提供参数化能力，可以被后续的工程设计模型引用。它包含以下方法与属性。

- GetUsage→True/False：查看该变量是否被使用。
- GetValue→string：查看变量的数值。
- SetValue→True/False：设置变量的数值。
- GetDescription→string：查看变量附加说明。
- SetDescription (description)→True/False：设置变量附加说明。

2.13.4.12　FEM/BEM 设计文档对象

FEM/BEM 设计文档对象管理设计文档的各种数据与方法。它包含以下方法和属性。

- GetDesignModel→RBEMDesignModelBEM/RBEMDesignModelFEM/null：获取设计模型对象。
- UpdateGeomView：刷新设计模型视图。
- FitAllGeomView：缩放设计模型视图以显示全部结构。

2.13.4.13　BEM/FEM 设计对象

BEM/FEM 设计对象管理 BEM/FEM 设计模型的各种数据与方法。它包含以下方法和属性。

- GetModelName→String：获取设计模型的名称。
- SetModelName(name)→True/False：设置设计模型的名称。

2.13.4.14　事务

事务是访问并可能更新设计模型各种数据项的一个程序执行单元。事务由事务开始（OpenCommand）和事务提交（CommitCommand）之间执行的全部操作组成。

- OpenCommand：开始新的命令事务。
- CommitCommand：提交命令事务。
- AbortCommand：放弃该命令事务包含的所有操作。
- UpdateModel：更新模型的所有数据，使所有操作生效。
- GetDesignUnit (quantity)→string：获取指定量纲的单位，量纲可以为长度、频率、电阻、电容、电感、角度等。
- SetDesignUnit (quantity, string)→True/False：设置指定量纲的单位，量纲可以为长度、频率、电阻、电容、电感、角度等。
- GetDimensionUnit ()→string：获取长度单位。
- SetDimensionUnit (string)→True/False：设置长度单位。
- GetDefaultShapeColor ()→(Red,Green,Blue)：获取设计的几何对象的默认颜色。

- SetDefaultShapeColor ((Red,Green,Blue))→True/False：设置设计的几何对象的默认颜色。
- GetDefaultShapeTransparency ()→double：获取设计的几何对象的默认透明度。
- SetDefaultShapeTransparency (double)→True/False：设置设计的几何对象的默认透明度。
- GetDefaultMaterial ()→material：获取设计的几何对象的默认材料。
- SetDefaultMaterial (material)→True/False：设置设计的几何对象的默认材料。
- GetGlobalCS ()→CSObject/null：获取设计几何模型的全局坐标系对象。
- GetWCS ()→CSObject/null：获取设计几何模型的当前工作坐标系对象。
- SetWCS (CSObject)→True/False：设置设计几何模型的当前工作坐标系对象。
- CreateGeomCSRelative (name, cs, location, XAxis, YAxis)→CSObject/null：创建新的相对坐标系。
- CreateGeomCSRelativeOffset (name, cs, location)→CSObject/null：创建新的平移相对坐标系。
- CreateGeomCSRelativeRotation (name, cs, XAxis, YAxis)→CSObject/null：创建新的旋转相对坐标系。
- CreateGeomPoint (name, cs, location)→ShapeObject/null：创建点。
- CreateGeomCurveLine (name, cs, location1, location2)→ShapeObject/null：创建一条直线段。
- CreateGeomCurveArc3Point (name, cs, location1, location2, location3)→ShapeObject/null：以3个坐标点创建一段弧。
- CreateGeomCurveArcAngular (name, cs, axis, center, start, angular)→ShapeObject/null：以起点、中心和角度创建一段弧。
- CreateGeomCurveBezier (name, cs, locations)→ShapeObject/null：以给定的一系列控制点创建一段贝塞尔曲线。
- CreateGeomCurveSpline (name, cs, locations)→ShapeObject/null：以给定的一系列控制点创建一段样条曲线。
- CreateGeomCurvePolyline (name, cs, segments, close, cover)→ShapeObject/null：以一系列线段创建多边形线段。
- CreateGeomSheetCircle (name, cs, axis, center, radius, cover)→ShapeObject/null：以圆心与半径创建圆面。
- CreateGeomSheetEllipse (name, cs, axis, center, major, ratio, cover)→ShapeObject/null：以圆心、半径与比率创建椭圆面。
- CreateGeomSheetRectangle (name, cs, axis, location, length, width, cover)→ShapeObject/null：以起点、长度与宽度创建矩面。
- CreateGeomSheetRegularPolygon (name, cs, center, start, nbside, cover)→ShapeObject/null：以圆心、起点与线段个数创建正多边形面。
- CreateGeomSolidBox (name, cs, location, length, width, height)→ShapeObject/null：以起点、长度、宽度与高度创建长方体。
- CreateGeomSolidCylinder (name, cs, axis, center, radius, height)→ShapeObject/null：以起点、半径与高度创建圆柱体。

- CreateGeomSolidTorus (name, cs, axis, center, radius, ratio)→ShapeObject/null：以圆心、半径与比率创建圆环体。
- CreateGeomSolidCone (name, cs, axis, center, radiuslow, radiusupper, height)→ ShapeObject/null：以圆心、上/下半径与高度创建圆锥体。
- CreateGeomSolidSphere (name, cs, axis, center, radius)→ShapeObject/null：以圆心、半径创建球体。
- OpGeomBooleanCut (shape1, shape2, keep)→True/False：对几何对象执行布尔差操作。
- OpGeomBooleanNCut (shape1, shapelist, keep)→True/False：对几何对象执行布尔差操作。
- OpGeomBooleanFuse (shape1, shape2, keep)→True/False：对几何对象执行布尔并操作。
- OpGeomBooleanNFuse (shapelist, keep)→True/False：对几何对象执行布尔并操作。
- OpGeomBooleanCommon (shape1, shape2, keep)→True/False：对几何对象执行布尔交操作。
- OpGeomThickenSheet (shape, thickness)→True/False：对面几何对象执行加厚操作。
- OpGeomSweepAlongPath (shape1, shape2)→True/False：对面几何对象执行扫略操作。
- OpGeomRevoluation (shape, cs, axis, angular)→True/False：对几何对象执行旋转操作。
- OpGeomCoverCurve (shape)→True/False：为封闭的线添加覆盖的面。
- OpGeomLoft (shape1, shapelist, solid, ruled, close, smooth, compatibility, parametrization, continuity)→True/False：对几何对象执行放样操作。
- OpGeomTransformTranslation (shape1, cs, move)→True/False：对几何对象执行平移操作。
- OpGeomTransformRotation (shape1, cs, axis, angular)→True/False：对几何对象执行旋转操作。
- OpGeomTransformMirror (shape1, cs, location, normal)→True/False：对几何对象执行镜像操作。
- OpGeomDuplicateTranslation (shape1, cs, move, number, attach)→shapelist：复制几何对象并执行平移操作。
- OpGeomDuplicateRotation (shape1, cs, axis, angular, number, attach)→shapelist：复制几何对象并执行旋转操作。
- OpGeomDuplicateMirror (shape1, cs, location, normal)→shapelist：复制几何对象并执行镜像操作。
- AddVariable (name, value, quantity, description)→variable/null：为设计模型添加变量。
- GetVariable (name)→variable/null：从设计模型中获取变量。
- DelVariable (vairable)→True/False：从设计模型中删除变量。
- DelVariableByName (name)→True/False：从设计模型中删除指定名称的变量。
- AddBoundaryABC (name)→boundary/null：为设计模型添加理想辐射边界。
- AddBoundaryPEC (name)→boundary/null：为设计模型添加理想电导体边界。
- AddBoundaryPMC (name)→boundary/null：为设计模型添加理想磁导体边界。
- AddBoundaryRLC (name)→boundary/null：为设计模型添加集总 RLC 边界。
- GetBoundary (name)→boundary/null：从设计模型中获取边界条件对象。

- RemBoundary (boundary)→True/False：从设计模型中删除边界条件对象。
- RemBoundaryByName (name)→True/False：从设计模型中删除边界条件对象。
- AddExcitationLumpedPort (name)→excitation/null：为设计模型添加集总激励端口。
- AddExcitationWavePort (name)→excitation/null：为设计模型添加波激励端口。
- AddExcitationIncidentPlaneWave (name)→excitation/null：为设计模型添加平面波激励端口。
- GetExcitation (name)→excitation /null：从设计模型中获取激励端口。
- RemExcitation (excitation)→True/False：从设计模型中删除激励端口。
- RemExcitationByName (name)→True/False：从设计模型中删除激励端口。
- GetExcitationOrder ()→int：获取设计模型中端口激励的排序方式。
- SetExcitationOrder (int)→True/False：设置设计模型中端口激励的排序方式。
- GetMeshInitSetup ()→MeshInitSetup/null：获取设计模型中初始网格控制参数对象。
- GetMeshInitSurfaceApprm ()→ 网格 urfaceApprm/null：获取设计模型中曲面逼近控制参数对象。
- AddMeshLengthAroundVertex (name)→MeshLengthAroundVertex/null：为设计模型添加基于点的局部网格控制参数对象。
- AddMeshLengthOnEdge (name)→ MeshLengthOnEdge /null：为设计模型添加基于边的局部网格控制参数对象。
- AddMeshLengthOnFace (name)→MeshLengthOnFace /null：为设计模型添加基于面的局部网格控制参数对象。
- AddMeshLengthInsideVolume (name)→ MeshLengthInsideVolume/null：为设计模型添加基于四面体的局部网格控制参数对象。
- GetMesh (name)→mesh /null：从设计模型中获取局部网格控制参数对象。
- RemMesh (mesh)→True/False：从设计模型中删除局部网格控制参数对象。
- RemMeshByName (name)→True/False：从设计模型中删除指定名称的局部网格控制参数对象。
- AddSolution (name)→solution /null：为设计模型添加仿真分析配置对象。
- GetSolution (name)→solution /null：从设计模型中获取仿真分析配置对象。
- RemSolution (solution)→True/False：从设计模型中删除仿真分析配置对象。
- RemSolutionByName (name)→True/False：从设计模型中删除指定名称的仿真分析配置对象。

2.13.4.15 边界条件对象

边界条件对象为仿真模型提供各种边界条件定义。它包含以下方法与属性。

- GetName ()→string：读取对象名称。
- SetName (name)→True/False：设置对象名称。
- GetPriority ()→int：读取边界的优先级。

- SetPriority (int)→True/False：设置边界的优先级。
- AddBoundaryGeom (shapelist)→True/False：添加指定几何对象到边界中。
- AddBoundaryGeomCommand (shape, commandlist)→True/False：添加指定几何对象的部分结构到边界中。

2.13.4.16 添加边界条件

- GetRadiationMode ()→int：获取边界辐射模式。
- SetRadiationMode (int)→True/False：设置边界辐射模式。

2.13.4.17 阻抗对象

- GetResistanceEnableFlag ()→True/False：获取阻抗激活标志。
- SetResistanceEnableFlag (flag)→True/False：设置阻抗激活标志。
- GetInductanceEnableFlag ()→True/False：获取感抗激活标志。
- SetInductanceEnableFlag (flag)→True/False：设置感抗激活标志。
- GetCapacitanceEnableFlag ()→True/False：获取容抗激活标志。
- SetCapacitanceEnableFlag (flag)→True/False：设置容抗激活标志。
- GetResistanceValue ()→string：获取阻抗值。
- SetResistanceValue (value)→True/False：设置阻抗值。
- GetInductanceValue ()→string：获取感抗值。
- SetInductanceValue (value)→True/False：设置感抗值。
- GetCapacitanceValue ()→string：获取容抗值。
- SetCapacitanceValue (value)→True/False：设置容抗值。
- GetFlowLine ()→flowline/null：获取集总端口流径线。
- CreateFlowLine ()→flowline /null：创建集总端口流径线。

2.13.4.18 流径线

- GetStartPoint ()→location：获取流径线起点坐标。
- SetStartPoint (location)→True/False：设置流径线起点坐标。
- GetEndPoint ()→location：获取流径线终点坐标。
- SetEndPoint (location)→True/False：设置流径线终点坐标。

2.13.4.19 激励端口对象

激励端口对象为仿真模型提供各种端口的定义。它包含以下方法与属性。

- GetName ()→string：读取对象名称。
- SetName (name)→True/False：设置对象名称。
- GetPortIndex ()→int：读取端口的顺序。
- SetPortIndex (int)→True/False：设置端口的顺序
- AddExcitationGeom (shapelist)→True/False：添加指定几何对象到端口中。

- AddExcitationGeomCommand (shape, commandlist)→True/False：添加指定几何对象的部分结构到端口中。

2.13.4.20 集总端口

- GetImpedanceResistance ()→string：获取集总端口匹配阻抗值。
- SetImpedanceResistance (value)→True/False：设置集总端口匹配阻抗值。
- GetImpedanceReactance ()→string：获取集总端口匹配电抗值。
- SetImpedanceReactance (value)→True/False：设置集总端口匹配电抗值。
- GetRenormMode ()→int：获取集总端口归一化模式。
- SetRenormMode (mode)→True/False：设置集总端口归一化模式。
- GetRenormResistanceValue ()→string：获取集总端口归一化阻抗值。
- SetRenormResistanceValue (value)→ True/False：设置集总端口归一化阻抗值。
- GetIntegLine ()→integline/null：获取集总端口积分线。
- CreateFlowLine ()→integline /null：创建集总端口积分线。

2.13.4.21 波激励端口

- GetRenormMode ()→int：获取波激励端口归一化模式。
- SetRenormMode (mode)→True/False：设置波激励端口归一化模式。
- GetRenormResistanceValue ()→string：获取波激励端口归一化阻抗值。
- SetRenormResistanceValue (value)→True/False：设置波激励端口归一化阻抗值。
- AddIntegLine ()→integline/null：添加波激励端口积分线。

2.13.4.22 平面波激励端口

- GetSphericalPhiStart ()→string：获取平面波入射 Phi 起始角度。
- SetSphericalPhiStart (value)→True/False：设置平面波入射 Phi 起始角度。
- GetSphericalPhiStop ()→string：获取平面波入射 Phi 终止角度。
- SetSphericalPhiStop (value)→True/False：设置平面波入射 Phi 终止角度。
- GetSphericalPhiStep ()→string：获取平面波入射 Phi 角度递进值。
- SetSphericalPhiStep (value)→True/False：设置平面波入射 Phi 角度递进值。
- GetSphericalThetaStart ()→string：获取平面波入射 Theta 起始角度。
- SetSphericalThetaStart (value)→True/False：设置平面波入射 Theta 起始角度。
- GetSphericalThetaStop ()→string：获取平面波入射 Theta 终止角度。
- SetSphericalThetaStop (value)→True/False：设置平面波入射 Theta 终止角度。
- GetSphericalThetaStep ()→string：获取平面波入射 Theta 角度递进值。
- SetSphericalThetaStep (value)→True/False：设置平面波入射 Theta 角度递进值。
- GetSphericalEoVectorPhi ()→string：获取平面波入射 Phi 分量值。
- SetSphericalEoVectorPhi (value)→True/False：设置平面波入射 Phi 分量值。
- GetSphericalEoVectorTheta ()→string：获取平面波入射 Theta 分量值。

- SetSphericalEoVectorTheta (value)→True/False：设置平面波入射 Theta 分量值。

2.13.4.23　积分线

- GetStartPoint ()→location：获取积分线起点坐标。
- SetStartPoint (location)→True/False：设置积分线起点坐标。
- GetEndPoint ()→location：获取积分线终点坐标。
- SetEndPoint (location)→True/False：设置积分线终点坐标。

2.13.4.24　网格剖分控制参数对象

网格剖分控制参数对象为仿真模型提供各种全局与局部网格剖分定义。它包含以下方法与属性。

- GetName ()→string：读取对象名称。
- SetName (name)→True/False：设置对象名称。
- AddMeshGeom (shapelist)→True/False：添加指定几何对象。
- AddMeshGeomCommand (shape, commandlist)→True/False：添加指定几何对象的部分结构。

2.13.4.25　初始网格剖分控制参数对象

- GetEdgeMinimumEnableFlag ()→True/False：获取边最小长度激活标志。
- SetEdgeMinimumEnableFlag (Flag)→True/False：设置边最小长度激活标志。
- GetEdgeMeanEnableFlag ()→True/False：获取边平均长度激活标志。
- SetEdgeMeanEnableFlag (Flag)→True/False：设置边平均长度激活标志。
- GetEdgeMaximumEnableFlag ()→True/False：获取边最大长度激活标志。
- GetEdgeMaximumEnableFlag (Flag)→True/False：设置边最大长度激活标志。
- GetEdgeMinimum ()→string：获取边最小长度值。
- SetEdgeMinimum (value)→True/False：设置边最小长度值。
- GetEdgeMean ()→string：获取边平均长度值。
- SetEdgeMean (value)→True/False：设置边平均长度值。
- GetEdgeMaximum ()→string：获取边最大长度值。
- SetEdgeMaximum (value)→True/False：设置边最大长度值。

2.13.4.26　曲面逼近网格剖分控制参数对象

- GetLengthDeviationEnableFlag ()→True/False：获取长度偏差激活标志。
- SetLengthDeviationEnableFlag (Flag)→True/False：设置长度偏差激活标志。
- GetAngleDeviationEnableFlag ()→True/False：获取角度偏差激活标志。
- SetAngleDeviationEnableFlag (Flag)→True/False：设置角度偏差激活标志。
- GetLengthRelativeEnableFlag ()→True/False：获取长度相对偏差激活标志。
- SetLengthRelativeEnableFlag (Flag)→ True/False：设置长度相对偏差激活标志。
- GetLengthDeviation ()→string：获取长度偏差值。

- SetLengthDeviation (value)→True/False：设置长度偏差值。
- GetAngleDeviation()→string：获取角度偏差值。
- GetAngleDeviation (value)→True/False：设置角度偏差值。

2.13.4.27 基于点长度的网格剖分控制参数对象

- GetLength ()→string：获取长度控制参数值。
- SetLength (value)→True/False：设置长度控制参数值。

2.13.4.28 基于边长度的网格剖分控制参数对象

- GetLength ()→string：获取长度控制参数值。
- SetLength (value)→True/False：设置长度控制参数值。

2.13.4.29 基于面长度的网格剖分控制参数对象

- GetLength ()→string：获取长度控制参数值。
- SetLength (value)→True/False：设置长度控制参数值。

2.13.4.30 基于四面体边长的网格剖分控制参数对象

- GetLength ()→string：获取长度控制参数值。
- SetLength (value)→True/False：设置长度控制参数值。

2.13.4.31 仿真分析配置对象

仿真分析配置对象定义仿真分析求解器的各种控制参数。它包含以下方法与属性。

- GetSolutionFreq ()→string：获取仿真分析频率值。
- SetSolutionFreq (value)→True/False：设置仿真分析频率值。
- AddSolutionSweep (name)→ solutionsweep/null：添加频率扫描参数对象。
- GetSolutionSweep (name)→solutionsweep/null：获取频率扫描参数对象。
- RemSolutionSweep (solutionsweep)→True/False：删除频率扫描参数对象。
- RemSolutionSweepByName (name)→True/False：删除指定名称的频率扫描参数对象。

2.13.4.32 频率扫描参数对象

- GetSweepType ()→int：获取频率扫描方式。
- SetSweepType (type)→True/False：设置频率扫描方式。
- GetFreqMethod ()→ int：获取频点定义方式。
- SetFreqMethod (method)→ True/False：设置频点定义方式。
- GetFreqStart ()→string：获取频率扫描起始值。
- SetFreqStart (value)→True/False：设置频率扫描起始值。
- GetFreqStop ()→string：获取频率扫描终止值。
- SetFreqStop (value)→True/False：设置频率扫描终止值。
- GetFreqLinearStep ()→string：获取频率扫描线性递进值。

- SetFreqLinearStep (value)→True/False：设置频率扫描线性递进值。
- GetFreqLinearNum ()→int：获取频率扫描线性递进总数。
- SetFreqLinearNum (num)→True/False：设置频率扫描线性递进总数。
- GetFreqLogStep ()→string：获取频率扫描对数递进值。
- SetFreqLogStep (value)→True/False：设置频率扫描对数递进值。
- GetFreqLogNum ()→int：获取频率扫描对数递进总数。
- SetFreqLogNum (num)→True/False：设置频率扫描对数递进总数。

2.13.4.33　BEM 仿真分析配置对象

BEM 仿真分析配置对象定义 BEM 求解器的各种控制参数。它包含以下方法与属性。
- GetMLFMMEnableFlag ()→True/False：获取 BEM 快速多极子算法激活标志。
- SetMLFMMEnableFlag (flag)→True/False：设置 BEM 快速多极子算法激活标志。

2.13.4.34　FEM 仿真分析配置对象

FEM 仿真分析配置对象定义 FEM 求解器的各种控制参数。它包含以下方法与属性。
- GetBasisFunctionOrder ()→int：获取 FEM 求解器的基函数阶数。
- SetBasisFunctionOrder (order)→True/False：设置 FEM 求解器的基函数阶数。

思考与练习

（1）熟悉 Rainbow 系列软件的操作界面。
（2）使用 Rainbow 系列软件创建几何模型。

第 3 章　BEM 仿真实例

Rainbow-BEM3D 是针对系统的电磁兼容性能、天线设计、载体多天线布局,以及雷达散射截面(RCS)等高频电磁辐射、散射问题开发的专业电磁场分析软件模块。Rainbow-BEM3D 从严格的电磁场积分方程出发,以高阶矩量法结合并行技术为基础,在保持精度的前提下大大提高了计算规模及效率,从而非常适合求解天线设计、载体上天线布局分析、RCS、电磁兼容等开域的辐射应用领域的各类电磁场问题。Rainbow-BEM3D 采用高阶矩量法(MoM)结合快速多极子(FMM)、自适应交叉(ACA)等加速算法技术,可以用来分析电大尺寸目标的电磁散射问题。本软件模块包含的 RCS 的快速算法(FastMonoRCS)是目前国际上同类型电磁仿真软件中计算速度最快的技术。Rainbow-BEM3D 是目前市场上唯一能够支持金属和媒质的混合仿真软件,并且考虑了仿真对象所处的复杂环境,如海平面、复杂地形及飞行器的多层隐身材料等。

Rainbow-BEM3D 仿真流程如图 3-1 所示。

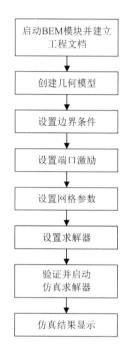

图 3-1　Rainbow-BEM3D 仿真流程

 ## 3.1　矩形波导天线

3.1.1　问题描述

波导是微波传输领域最重要的传输媒介之一,开口的波导可以称为波导天线。较常见的波导天线是矩形喇叭或圆形喇叭等,广泛用作馈源及标准测试天线。下面这个例子用来展示如何用 Rainbow-BEM3D 模块对如图 3-2 所示的矩形波导天线进行建模和仿真。

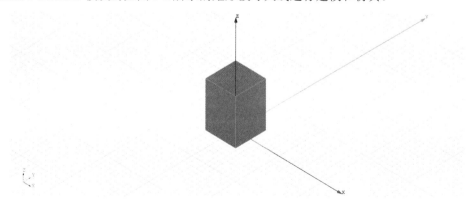

图 3-2　矩形波导天线

3.1.2 系统的启动

选择"Start"→"Rainbow Simulation Technologies"→"Rainbow Studio"选项，然后在弹出的"产品选择"对话框中选择产品模块，如图 3-3 所示，启动 Rainbow-BEM3D 模块。

图 3-3　启动 Rainbow-BEM3D 模块

3.1.3 创建文档与设计

如图 3-4 所示，选择"文件"→"新建工程"→"Studio 工程与 BEM 模型"选项，创建新的文档，其中包含一个默认的 BEM 设计。

图 3-4　创建 BEM 文档与设计

在工程管理树中选择 BEM 设计树节点，然后单击鼠标右键，在弹出的快捷菜单中选择"模型改名"选项，把设计的名称修改为 Square_waveguide，如图 3-5 所示。也可以在新建模型的时候直接为设计修改名称。

图 3-5　修改设计的名称

选择"文件"→"保存"选项或按 Ctrl+S 组合键，保存文档，将文档保存为 BEMSquare_waveguide.rbs 文件。保存后的 BEMSquare_waveguide 工程管理树如图 3-6 所示。

3.1.4 创建几何模型

用户可以通过"几何"选项卡下的各个菜单项从零开始创建各种三维几何模型，包括坐标系、点、线、面和体。

3.1.4.1 设置模型视图

图 3-6 保存后的 BEMSquare_waveguide 工程管理树

如图 3-7 所示，选择"设计"→"长度单位"选项，会弹出如图 3-8 所示的对话框，修改设计的长度单位为 mm，然后单击"确认"按钮关闭对话框；物理单位默认为 GHz。

图 3-7 设置长度单位

图 3-8 "模型长度单位"对话框

3.1.4.2 设置变量

选择"工程"→"管理变量"选项，打开 Square_waveguide 设计的"工程变量库"对话框，单击"增加"按钮，依次添加变量，如图 3-9 所示。也可以选中变量库，然后单击鼠标右键，在弹出的快捷菜单中选择"添加变量"选项，进行变量的添加操作。

图 3-9 设置变量

将表 3-1 中的变量添加到变量库中。

表 3-1　添加变量

变　量　名	表　达　式
freq	2.8
sf	0.001
lam	c0/freq/sf
wg_a	70
wg_h	100

3.1.4.3　创建几何对象

（1）创建长方体。

选择"几何"→"长方体"选项，创建长方体，如图 3-10 所示，在模型视图窗口中进行如图 3-11 和图 3-12 所示的操作，用鼠标操作创建长方体。

图 3-10　创建长方体

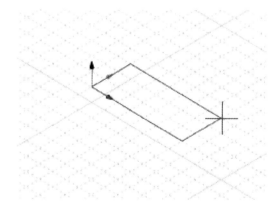

图 3-11　用鼠标拉出长方体的底面

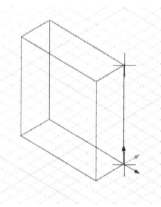

图 3-12　用鼠标拉出长方体的高度

在创建新的模型时，可以在任意位置创建，再对其参数进行修改。创建新模型后，一般会出现一个对象命令（如"Box1"），在其下还有一个对象创建命令（如 CreateBox），双击对象命令可以修改几何模型的名称、材料、坐标系等参数；双击创建命令可以修改几何模型的具体位置，以及模型的长、宽、高等具体参数。

双击创建好的长方体对象"Box1"，然后在如图 3-13 所示的"几何"对话框中输入新名称 square_wg。

双击对象创建命令"CreateBox"，然后在如图 3-14 所示的"属性"对话框中输入位置、长度、宽度及高度参数的值。

图 3-13　修改长方体的名称　　　　　图 3-14　修改长方体的尺寸

位置

X：-wg_a/2　　　　　　　长度：wg_a

Y：-wg_a/2　　　　　　　宽度：wg_a

Z：0　　　　　　　　　　高度：wg_h

创建好的长方体如图 3-15 所示。

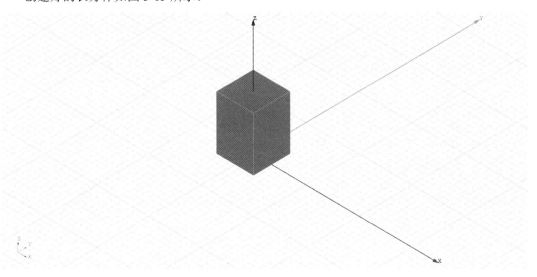

图 3-15　创建好的长方体

（2）修改长方体。

选择模式可以分为对象（Object）、面（Face）、边（Edge）、点（Vertex）等。修改选择模式后，在选择几何模型时，就会选择对应的几何，如果是面选模式，就会选择到面；如果是边选模式，就会选择几何的边。当需要对特定的几何部分进行设置时，即可修改选择模式以进行相关的设置。

如图 3-16 所示，在"选择"下拉列表中选择"Face"选项，即面选模式。

第 3 章　BEM 仿真实例

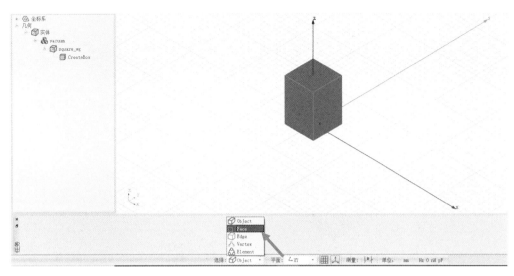

图 3-16　将选择模式修改为面选模式

修改为面选择模式之后，就可以选择几何体的面了：选择创建好的长方体的顶面，然后单击鼠标右键，在弹出的快捷菜单中选择"几何"→"修补"→"移除面"选项，进行移除顶面的操作，如图 3-17 所示。

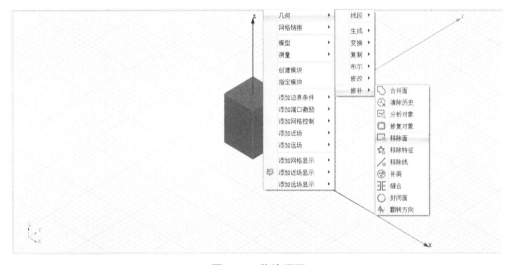

图 3-17　移除顶面

3.1.5　仿真模型设置

接下来，需要设置几何模型的各种相关物理特性，包括模型的边界条件、激励、网格控制参数等。

3.1.5.1　设置边界条件

选择修改完的 square_wg 几何模型，然后单击鼠标右键，在弹出的快捷菜单中选择"添加边界条件"→"理想电导体"选项，为几何模型添加理想电导体边界，如图 3-18 所示。

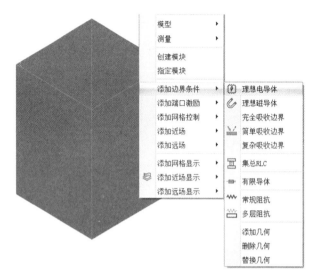

图 3-18　添加理想电导体边界

3.1.5.2　设置长方体底面网格控制参数

选择长方体的底面，为底面设置网格尺寸。可以在"视图"选项卡中将选择模式修改为旋转模式（见图 3-19），或者使用 Alt+鼠标左键的方式旋转几何体。

图 3-19　修改为旋转模式

将视图旋转到几何体的底部，选中长方体的底面，在相应的快捷菜单中选择"添加网格控制"→"面"选项，如图 3-20 所示，为底面设置网格尺寸。

图 3-20　为底面设置网格尺寸

修改完成的几何面网格长度控制参数如图 3-21 所示。

图 3-21 修改完成的几何面网格长度控制参数

3.1.5.3 添加端口激励

创建好几何模型后，用户可以为几何模型设置各种端口激励方式和参数。在工程管理树中，Rainbow 系列软件会把这些新增的端口激励添加到工程管理树的"激励端口"目录下。

选择长方体的底面，然后单击鼠标右键，在弹出的快捷菜单中选择"添加端口激励"→"矩形波端口"选项，如图 3-22 所示。

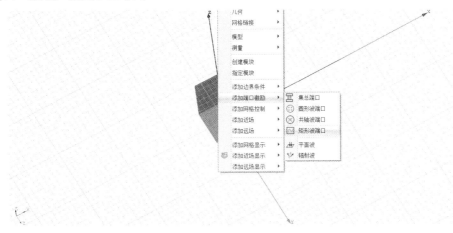

图 3-22 为长方体底面添加端口激励

在"激励端口"目录下，可以找到刚创建的矩形波端口激励"P1"，双击"P1"可以对其参数进行修改。在如图 3-22 所示的"矩形波端口激励"对话框中，双击"m"和"n"可以修改 m 和 n 的值，此处将 m 修改为 0，将 n 修改为 1。

图 3-23 修改矩形波端口激励参数

修改完成后,单击"确认"按钮确认操作。

在工程管理树中选中修改完成的端口激励,然后单击鼠标右键,在弹出的快捷菜单中选择"场域强度"选项,如图 3-24 所示。

在修改场域强度的对话框中,可以修改添加的端口激励的幅度和相位,此处将端口激励的相位修改为 90°,如图 3-25 所示。

图 3-24 选择"场域强度"选项

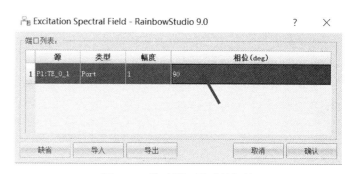

图 3-25 修改端口激励的相位

修改完成后,单击"确认"按钮确认操作。

3.1.5.4 设置网格剖分控制参数

几何模型创建好后,用户需要为几何模型及其某些关键结构设置各种全局和局部网格剖分控制参数。在工程管理树中,Rainbow 系列软件会把这些新增的结果显示添加到"网格剖分"目录下。选择"网格剖分"→"初始网格"选项,打开如图 3-26 所示的"初始网格设置"对话框,将网格大小模式设置为"Custom",将平均设置为"lam/15"其他选项保持默认设置,设置完成后,单击"确认"按钮。

3.1.6 仿真求解

3.1.6.1 设置求解方案

用户需要设置模型分析设置求解器所需的仿真频率及其选项,以及可能的频率扫描范围。选择"分析"→"添加求解方案"选项以添加求解方案,如图 3-27 所示。

图 3-26 "初始网格设置"对话框

图 3-27 添加求解方案

对于求解器，按如图 3-28 和图 3-29 所示的内容进行设置。

图 3-28　设置求解器 1　　　　　　　图 3-29　设置求解器 2

仿真频率：freq
数据精度：Single Precision
基函数阶数：1
求解算法：Use direct LU decomposition

在"求解方案"目录中选择新加的求解方案 1，然后单击鼠标右键，在弹出的快捷菜单中选择"扫频方案"→"添加扫频方案"选项，如图 3-30 所示，并按照图 3-31 设置扫频方案参数。

图 3-30　添加扫频方案　　　　　　　图 3-31　设置扫频方案参数

扫描类型：Interpolating
起　始：2.8
终　止：8.4
数　目：401

3.1.6.2 求解

完成上述操作后,用户可以选择"分析"→"验证设计"选项,验证模型设置是否完整,如图 3-32 所示。

图 3-32　验证仿真模型的有效性

下一步,选择"分析"→"求解设计"选项,启动仿真求解器分析模型。用户可以利用任务显示面板查看求解过程,包括进度和其他日志信息,如图 3-33 所示。

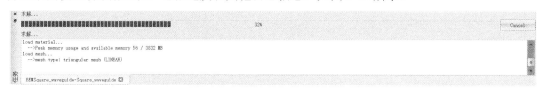

图 3-33　任务求解进度

3.1.7　结果显示

3.1.7.1　添加远场观察球

选择"散射远场"目录,然后单击鼠标右键,在弹出的快捷菜单中选择"球面"选项,如图 3-34 所示,并在如图 3-35 所示的对话框中输入相应的控制参数以添加模型的远场观察球。

图 3-34　添加球面　　　　图 3-35　"远场散射球面设置"对话框

Phi	Theta
起点：-90	起点：-180
终点：90	终点：180
步幅：1	步幅：2

设置完远场观察球后，可以选中新增的远场观察球并单击鼠标右键，然后在弹出的快捷菜单中选择"计算"选项，启动求解器后场计算功能，如图 3-36 所示。

图 3-36　启动求解器后场计算功能

3.1.7.2　2 维矩形线图

求解结束后，在工程管理树中选择"结果显示"目录并单击鼠标右键，然后在弹出的快捷菜单中选择"远场图表"→"2 维矩形线图"选项，打开远场图表（2 维矩形线图），如图 3-37 所示。

图 3-37　打开 2 维矩形线图

按照图 3-38 中的内容设置图表的参数。

图 3-38　设置图表的参数

然后单击"新增图表"按钮，可以查看设置结果，如图 3-39 所示。

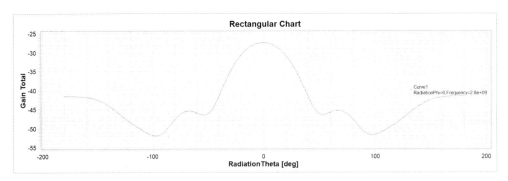

图 3-39 2 维矩形线图的设置结果（Phi=0）

3.2 反射抛物面天线仿真实例——正对单反射抛物面天线

3.2.1 问题描述

这个例子用来展示如何用 Rainbow-BEM3D 模块对如图 3-40 所示的正对单反射抛物面天线进行建模和仿真。

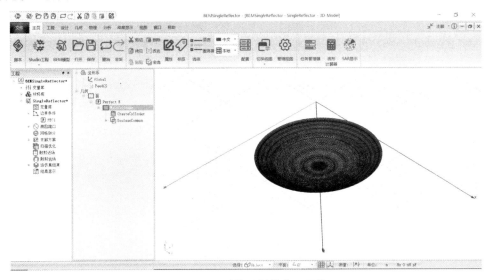

图 3-40 正对单反射抛物面天线

3.2.2 系统的启动

3.2.2.1 从开始菜单启动

选择操作系统的"Start"→"Rainbow Simulation Technologies"→"Rainbow Studio"选项，选择 BEM3D 功能，启动 Rainbow-BEM3D 模块 。

3.2.2.2 创建 BEM 文档与设计

如图 3-41 所示，选择"文件"→"新建工程"→"Studio 工程与 BEM 模型"选项，创建新的文档，其包含一个默认的 BEM 设计。

图 3-41 创建 BEM 文档与设计

如图 3-42 所示，在工程管理树中选择"BEM1*"目录并单击鼠标右键，然后在弹出的快捷菜单中选择"模型改名"选项，把设计的名称修改为 SingleReflector。

选择"文件"→"保存"选项或按 Ctrl+S 组合键，保存文档，将文档保存为 BEMSingleReflector.rbs 文件。保存后的 BEMSingleReflector 工程管理树如图 3-43 所示。

图 3-42 修改设计名称　　　图 3-43 保存后的 BEMSingleReflector 工程管理树

3.2.3 创建几何模型

3.2.3.1 设置模型视图

如图 3-44 所示，选择"设计"→"长度单位"选项，会打开如图 3-45 所示的对话框，在此修改设计的长度单位为 m，然后单击"确认"按钮关闭对话框；再将物理单位中的频率单位修改为 Hz，如图 3-46 所示。

图 3-44 设置单位长度

图 3-45 "模型长度单位"对话框

图 3-46 设置物理单位

3.2.3.2 设置变量

选择"工程"→"管理变量"选项,打开"工程变量库"对话框,如图 3-47 所示,然后按以下内容进行设置。

变量 1
名称:freq
表达式:12E9

变量 2
名称:lambda
表达式:c0/freq

图 3-47 "工程变量库"对话框

3.2.3.3 创建几何对象

(1)创建抛物面。

选择"几何"→"抛物面"选项,创建抛物面,如图 3-48 所示,然后在模型视图窗口中进行如图 3-49 和图 3-50 所示的操作,用鼠标操作创建抛物面。

图 3-48 创建抛物面

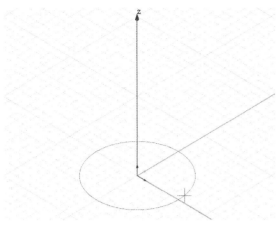

图 3-49　用鼠标拉出抛物面口径　　　　图 3-50　用鼠标拉出抛物面高度

双击创建好的抛物面对象 Paraboloid1，然后在如图 3-51 所示的"几何"对话框中输入新名称 MainReflector。

双击对象的创建命令 CreateParaboloid，然后在如图 3-52 所示的"属性"对话框中输入坐标轴、半径及焦距的值。

图 3-51　修改抛物面对象的名称　　　　图 3-52　修改抛物面对象的几何尺寸

X|Y|Z：0，0，0

坐标轴：Z

半径：1.5

焦距：0.6

修改完成的抛物面如图 3-53 所示。

（2）创建圆柱体。

选择"几何"→"圆柱体"选项，创建圆柱体，如图 3-54 所示，然后，用户可以在模型视图窗口中按照如图 3-55 和图 3-56 所示的内容，用鼠标创建圆柱体。

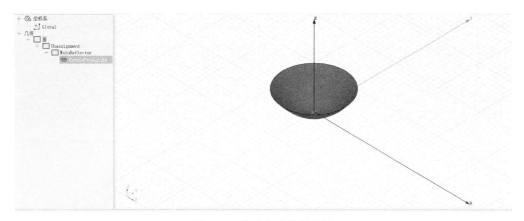

图 3-53　修改完成的抛物面

图 3-54　创建圆柱体

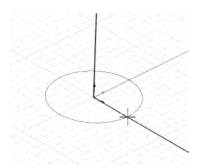 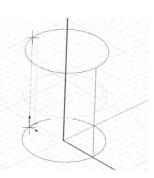

图 3-55　用鼠标拉出圆柱体的半径　　　　图 3-56　用鼠标拉出圆柱体的高度

双击创建好的圆柱体对象"Cylinder1",然后在如图 3-57 所示的"几何"对话框中修改圆柱体的名称为 MainCylinder。

图 3-57　修改圆柱体对象的名称

双击对象的创建命令"CreateCylinder",然后在如图 3-58 所示的"属性"对话框中输入相应的命令属性参数。

图 3-58　修改圆柱体对象的几何尺寸

X|Y|Z:0,0,0

坐标轴:Z

半径:0.5

高度:2

创建好的图形如图 3-59 所示。

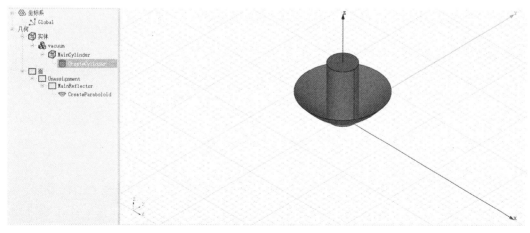

图 3-59　创建好的图形

(3) 裁剪抛物面。

接下来,需要用圆柱体裁剪抛物面以得到所需的反射抛物面天线几何模型。如图 3-60 所示,在几何树中依次选择所创建的抛物面"MainReflector"和圆柱体"MainCylinder",然后选择"几何"→"相交"选项,执行相交操作。在进行相交操作的时候要特别注意选择的顺序,这直接关系相交操作的结果。

图 3-60　圆柱体和抛物面相交

用户可以在模型视图中滚动鼠标滚轮来放大/缩小模型视图。裁剪后经放大的主抛物面如图 3-61 所示。

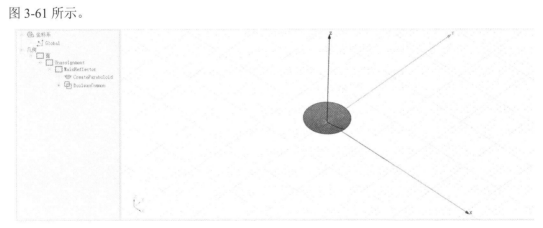

图 3-61　裁剪后经放大的主抛物面

(4) 创建激励所需的相对平移坐标系。

接下来,需要为激励创建所需的相对平移坐标系。选择"几何"→"相对平移"选项,创建相对平移坐标系,用户可以在模型视图窗口中单击任意一点以创建相对平移坐标系。创建好的相对平移坐标系会保存在"坐标系"目录中,如图 3-62 所示。

双击创建好的相对坐标"RelativeCS1",在弹出的"相对坐标系"对话框(见图 3-62)中修改如下参数。

名称:FeedCS　　　　　　　　　　　　　位置:0,0,0.6
X-Axis:1,0,0　　　　　　　　　　　　Y-Axis:0,-1,0

第 3 章 BEM 仿真实例

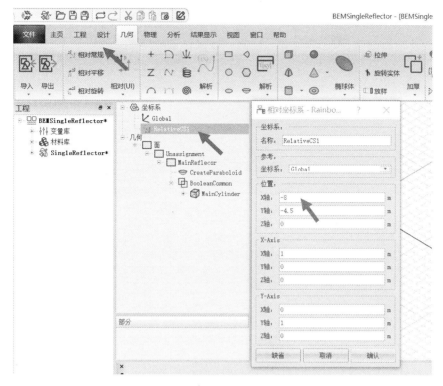

图 3-62 激励相对平移坐标系

创建完成的相对平移坐标系如图 3-63 所示。

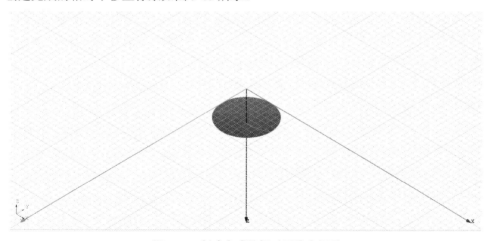

图 3-63 创建完成的相对平移坐标系

3.2.4 仿真模型设置

3.2.4.1 设置边界条件

如图 3-64 所示,在几何树中选择创建好的主抛物面"MainReflector",然后选择"物理"→"理想电导体"选项,指定主抛物面为理想电导体(PEC)边界。

图 3-64 指定主抛物面为理想电导体边界

在工程管理树中打开"边界条件"目录,选择刚添加的理想电导体边界"PEC1",在几何模型视图窗口中会以高亮的形式显示,如图 3-65 所示。

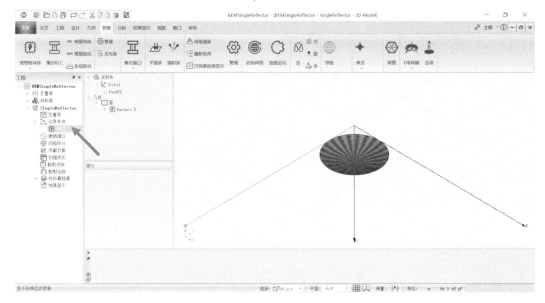

图 3-65 主抛物面的边界条件设置

3.2.4.2 设置激励

创建好几何模型后,需要为几何模型设置各种端口激励方式和参数。选择"物理"→"辐射波"选项,如图 3-66 所示。

图 3-66 设置激励

将理想辐射波激励的坐标系指定为前面创建的相对平移坐标系"FeedCS",其他具体的设置如图 3-67 和图 3-68 所示。

图 3-67 理想辐射波激励设置 1

图 3-68 理想辐射波激励设置 2

参数设置完成后,单击"确认"按钮,完成理想辐射波激励的创建。

3.2.4.3 设置网格剖分控制参数

几何模型创建好后,需要为几何模型及其某些关键结构设置各种全局和局部网格剖分控制参数。选择"网格剖分"→"初始网格"选项,进行网格设置,如图 3-69 所示。

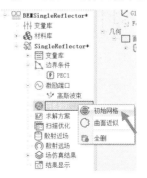

图 3-69 设置网格操作

在如图 3-70 所示的"初始网格设置"对话框中设置网格参数。

平均：lambda * 0.5　　　　最小：lambda * 0.05
增长率：2　　　　　　　　精确投影控制：选中

其他选项保持默认设置即可。

图 3-70　初始网格参数设置

3.2.5　仿真求解

3.2.5.1　设置仿真求解器

下一步，需要设置模型分析求解器所需的仿真频率及其选项，以及可能的频率扫描范围。如图 3-71 所示，选择"分析"→"添加求解方案"选项，具体的仿真求解器设置如图 3-72 所示。

图 3-71　添加求解方案操作

图 3-72　仿真求解器设置

仿真频率：freq（添加后会自动转换为数值）　　数据精度：Double Precision
求解算法：Use iterative physical optics method (IPO/PTD)
特别求解方法：Single Reflector　　　　　　　　主反射面：MainReflector

3.2.5.2　求解

完成上述任务后，如图 3-73 所示，选择"分析"→"验证设计"选项，可在如图 3-74 所示的"验证模型"对话框中验证模型的有效性。

图 3-73　验证设计

图 3-74　验证仿真模型的有效性

下一步，选择"分析"→"求解设计"选项，如图 3-75 所示，启动仿真求解器分析模型。用户可以通过任务显示面板查看求解过程，包括进度和其他日志信息，如图 3-76 所示。

图 3-75　求解设计

图 3-76　查看仿真任务进度信息

3.2.6　结果显示

3.2.6.1　打开在线仿真后场计算功能

默认情况下，用户在创建或修改结果显示控制参数的过程中，为避免频繁地调用计算模块来实时显示仿真结果，需要打开在线仿真后场计算功能，以让系统可以自动实时计算仿真结果并显示。执行"主页"→"选项"命令，打开"选项"对话框，然后在"性能"选项卡中勾选

"启用在线仿真后场计算"复选框,打开在线仿真后场计算功能,如图 3-77 所示。

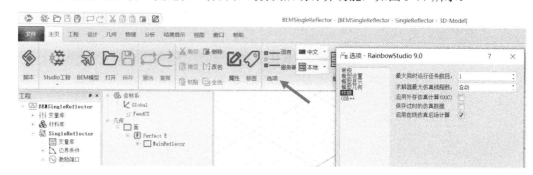

图 3-77　打开在线仿真后场计算功能

3.2.6.2　网格显示

用户可以选择某个或多个几何结构,查看它们在仿真分析时构建的网格剖分情况。在模型视图或几何树中选择几何对象"MainReflector",然后选择"物理"→"网格"选项,如图 3-78 所示,并在如图 3-79 所示的对话框中输入相应的控制参数。

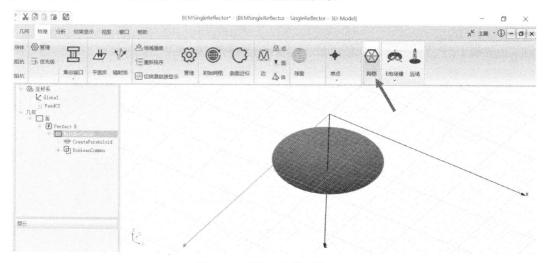

图 3-78　剖分几何模型的网格

图 3-79　设置网格显示参数

设置完成后,所选几何对象"MainReflector"的网格剖分情况会在模型视图中显示,如图 3-80 所示。

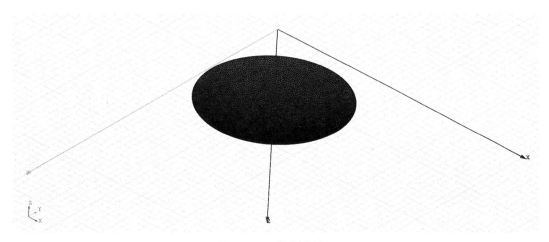

图 3-80　网格剖分情况

3.2.6.3　反射面近场结果显示

仿真结束后，用户可以选择模型的某个或多个几何结构，查看其上的电流、电场、磁场等的分布与流动情况。在模型视图或几何树中选择几何对象"MainReflector"，然后选择"物理"→"E 电场模"→"J 电流模"选项，如图 3-81 所示，最后在弹出的"近场显示"对话框中进行相应的设置，如图 3-82 所示。

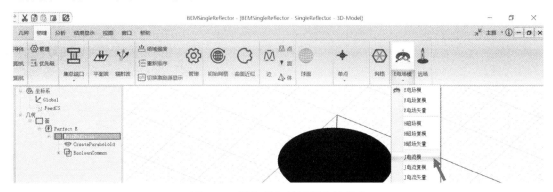

图 3-81　添加几何的近场电流分布

图 3-82　几何近场显示设置

设置完成后，所选几何对象"MainReflector"的近场电流分布情况会在模型视图中显示，如图 3-83 所示。

图 3-83 "MainReflector"的近场电流分布情况

3.3 反射抛物面天线仿真实例——偏置单反射抛物面天线

3.3.1 问题描述

这个例子用来展示如何用 Rainbow-BEM3D 模块对如图 3-84 所示的偏置单反射抛物面天线进行建模和仿真。

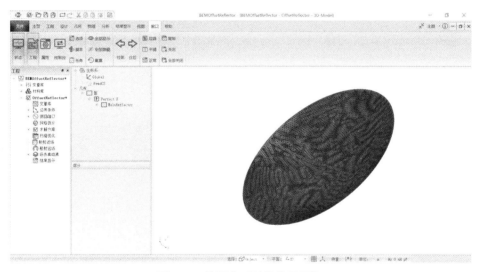

图 3-84 偏置单反射抛物面天线

3.3.1.1 从开始菜单启动

选择操作系统的"Start"→"Rainbow Simulation Technologies"→"Rainbow Studio"选项，选择 BEM3D 功能，启动 Rainbow-BEM3D 模块 。

3.3.1.2 创建 BEM 文档与设计

如图 3-85 所示，选择"文件"→"新建工程"→"Studio 工程与 BEM 模型"选项，创建新的文档，其中包含一个默认的 BEM 设计。

在工程管理树中选择 BEM 设计树节点并单击鼠标右键，然后在弹出的快捷菜单中选择"模型改名"选项，把设计的名称修改为 OffsetReflector，如图 3-86 所示，并将文档保存为 BEMOffsetReflector.rbs 文件。

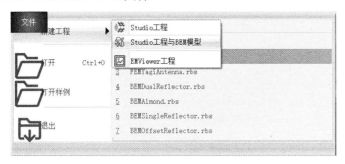

图 3-85 创建 BEM 文档与设计　　　　　　　图 3-86 修改设计的名称

3.3.2 创建几何模型

3.3.2.1 设置模型视图

如图 3-87 所示，选择"设计"→"长度单位"选项，然后在如图 3-88 所示的对话框中修改模型的长度单位为 m，单击"确认"按钮关闭对话框，然后选择"物理单位"选项，进入"单位"对话框，修改频率单位为 Hz，如图 3-89 所示。

图 3-87 修改长度单位

图 3-88 设置模型长度单位　　　　　　图 3-89 设置物理单位

3.3.2.2 设置变量

选择"工程"→"管理变量"选项，打开"工程变量库"对话框，如图 3-90 所示，单击"增加"按钮，依次添加变量。添加完成后，依次单击"应用"→"确认"按钮，即可完成变量的添加操作。

图 3-90 设置模型变量

变量 1
名称：freq
表达式：12E9

变量 2
名称：lambda
表达式：c0/freq

3.3.2.3 创建几何对象

（1）创建抛物面。

选择"几何"→"抛物面"选项，创建抛物面，如图 3-91 所示。然后，用户可以在模型视图窗口中按照如图 3-92 所示的操作用鼠标创建抛物面。

图 3-91 创建抛物面

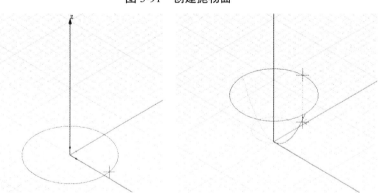

图 3-92 用鼠标拉出抛物面的口径和高度

双击创建好的抛物面对象"Paraboloid1"，然后在如图 3-93 所示的"几何"对话框中输入新名称 MainReflector。

选择对象的创建命令"CreatePoroboloid"，然后在如图 3-94 所示的"属性"对话框中输入坐标轴、半径及焦距的值。

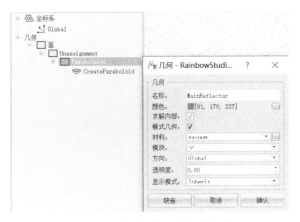

图 3-93　修改抛物面对象的名称　　　　图 3-94　修改抛物面对象的几何尺寸

X|Y|Z：0，0，0

坐标轴：Z

半径：1.5

焦距：0.6

修改完成的抛物面如图 3-95 所示。

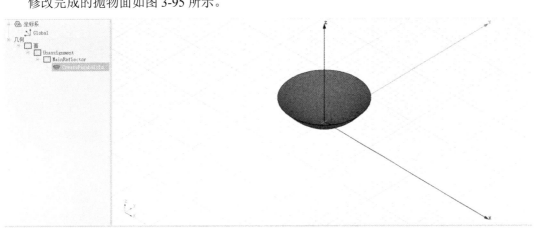

图 3-95　修改完成的抛物面

（2）创建圆柱体。

选择"几何"→"圆柱体"选项，创建圆柱体，如图 3-96 所示。然后，用户可以在模型视图窗口中按照如图 3-97 和图 3-98 所示的操作用鼠标创建抛物面。

图 3-96　创建圆柱体

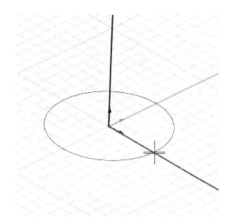
图 3-97　用鼠标拉出圆柱体的半径

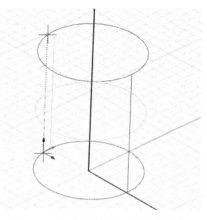
图 3-98　用鼠标拉出圆柱体的高度

双击创建好的圆柱体"Cylinder1",修改其名称为 MainCylinder。选择对象的创建命令"CreateCylinder",然后在如图 3-99 所示的"属性"对话框中设置相应的参数。

图 3-99　修改圆柱体对象和几何尺寸

X|Y|Z：0.6，0，0

坐标轴：Z

半径：0.5

高度：2

（3）裁剪抛物面。

接下来，需要用圆柱体裁剪抛物面以得到所需的反射抛物面天线几何模型。如图 3-100 所示，在几何树中依次选择所创建的抛物面"MainReflector"和圆柱体"MainCylinder"，然后选择"几何"→"相交"选项，执行相交操作。

用户可以在模型视图中滚动鼠标滚轮来放大/缩小模型视图。裁剪后经放大的主抛物面如图 3-101 所示。

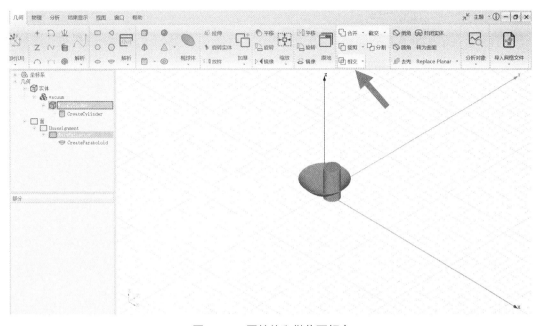

图 3-100　圆柱体和抛物面相交

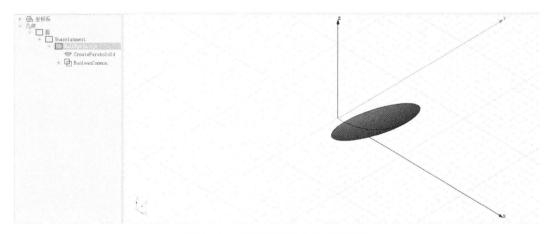

图 3-101　裁剪后经放大的主抛物面

3.3.3　创建激励相对平移坐标系

接下来，需要为激励创建所需的相对平移坐标系。选择"几何"→"相对平移"选项，创建相对平移坐标系，用户也可以在模型视图窗口中单击任意一点以创建相对平移坐标系。双击创建好的相对平移坐标系"RelativeCS1"，弹出如图 3-102 所示的对话框，在其中输入如下参数以修改坐标系的属性。

名称：FeedCS　　　　　　　　　　　　位置：0，0，0.6
X-Axis：0.6，0，0.8　　　　　　　　　Y-Axis：0，−1，0

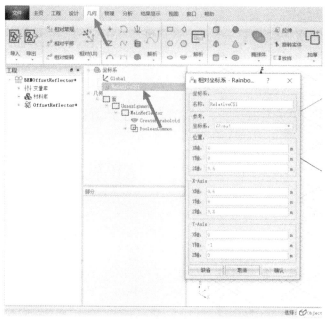

图 3-102 激励相对平移坐标系

3.3.4 仿真模型设置

3.3.4.1 设置边界条件

创建好几何模型后,需要为几何模型设置各种边界条件。如图 3-103 所示,在几何树中选择所创建的主抛物面"MainReflector",然后单击鼠标右键,在弹出的快捷菜单中选择"添加边界条件"→"理想电导体"选项,指定主抛物面为理想电导体边界。

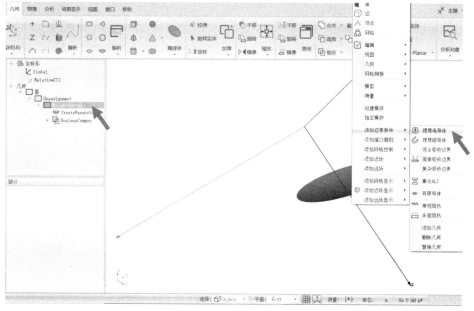

图 3-103 指定主抛物面为理想电导体边界

3.3.4.2 设置激励

创建好几何模型后，需要为几何模型设置各种端口激励方式和参数。选择"物理"→"辐射波"选项，如图 3-104 所示，然后按照如图 3-105 和图 3-106 所示的内容设置理想辐射波激励。

图 3-104　创建理想辐射波激励

将理想辐射波激励的坐标系指定为前面创建的相对平移坐标系"FeedCS"。

图 3-105　设置理想辐射波激励 1　　　图 3-105　设置理想辐射波激励 2

3.3.4.3 设置网格剖分控制参数

几何模型创建好后，需要为几何模型及其某些关键结构设置各种全局和局部网格剖分控制参数。选择"网格剖分"→"初始网格"选项，设置如图 3-107 所示的全局初始网格控制参数。

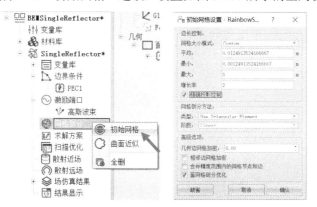

图 3-107　设置全局初始网格控制参数

平均：lambda * 0.5　　　　　　最小：lambda * 0.05
增长率：2　　　　　　　　　　精确投影控制：选中

3.3.5 仿真求解

3.3.5.1 设置仿真求解器

下一步，用户需要设置模型分析求解器所需的仿真频率及其选项，以及可能的频率扫描范围。选择"分析"→"添加求解方案"选项，然后在"求解器设置"对话框中对如下参数进行设置，结果如图 3-108 和图 3-109 所示。

仿真频率：freq
数据精度：Double Precision
求解算法：Use iterative physical optics method (IPO/PTD)
特别求解方法：Single Reflector
主反射面：MainReflector

图 3-108　求解器设置 1

图 3-109　求解器设置 2

3.3.5.2 求解

完成上述任务后，用户可以选择"分析"→"验证设计"选项，验证模型设置是否完整，如图 3-110 所示。"验证模型"对话框如图 3-111 所示。

下一步，选择"分析"→"求解设计"选项，启动仿真求解器分析模型，如图 3-112 所示。用户可以利用任务显示面板查看求解过程，包括进度和其他日志信息，如图 3-113 所示。

第 3 章　BEM 仿真实例

图 3-110　验证设计操作　　　　　图 3-111　"验证模型"对话框

图 3-112　求解设计操作

图 3-113　查看仿真任务进度信息

3.3.6　结果显示

3.3.6.1　设置在线计算选项

执行"主页"→"选项"命令，打开"选项"对话框，如图 3-114 所示，然后在"性能"选项卡中勾选"启用在线仿真后场计算"复选框，打开在线仿真后场计算功能。

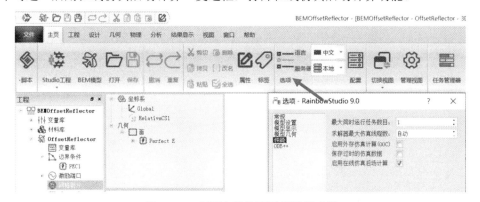

图 3-114　打开在线仿真后场计算功能

3.3.6.2　网格显示

在模型视图或几何树中选择几何对象"MainReflector"，然后选择"物理"→"网格"选项，并在如图 3-115 所示的对话框中输入相应的控制参数。

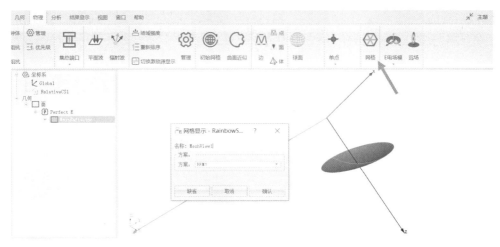

图 3-115　添加几何网格剖分结果显示

单击"确认"按钮完成设置，所选几何对象"MainReflector"的网格剖分情况会在模型视图中显示，如图 3-116 所示。

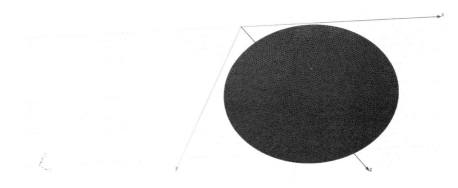

图 3-116　"MainReflector"的网格剖分情况

3.3.6.3　反射面近场结果显示

在模型视图或几何树中选择几何对象"MainReflector"，选择"物理"→"E 电场模"→"J 电流模"选项，修改相关参数，结果如图 3-117 所示。几何近场电流分布结果如图 3-118 所示。

图 3-117　设置完成的结果

图 3-118　几何近场电流分布结果

3.4 反射抛物面天线仿真实例——正对双反射抛物面天线

3.4.1 问题描述

这个例子用来展示如何用 Rainbow-BEM3D 模块对如图 3-119 所示的正对双反射抛物面天线进行建模和仿真。

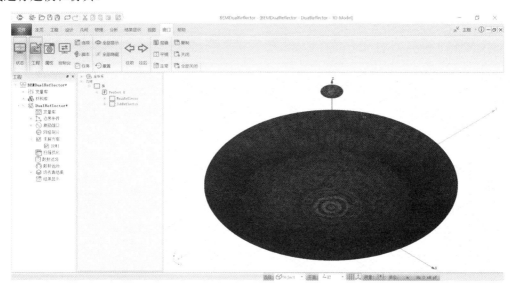

图 3-119 正对双反射抛物面天线

3.4.2 系统的启动

选择操作系统的"Start"→"Rainbow Simulation Technologies"→"Rainbow Studio"选项，选择 BEM3D 功能，如图 3-120 所示，启动 Rainbow Studio-BEM3D 模块。

图 3-120 启动 Rainbow-BEM3D 模块

3.4.3 创建 BEM 文档与设计

如图 3-121 所示，选择"文件"→"新建工程"→"Studio 工程与 BEM 模型"选项，创建新的文档，其中包含一个默认的 BEM 设计。

图 3-121 创建 BEM 文档与设计

如图 3-122 所示，在工程管理树中选择 BEM 设计树节点并单击鼠标右键，然后在弹出的快捷菜单中选择"模型改名"选项，把设计的名称修改为 DualReflector。

选择"文件"→"保存"选项或按 Ctrl+S 组合键以保存文档，将文档保存为 BEMDualReflector.rbs 文件。保存后的 BEMDualReflector 工程管理树如图 3-123 所示。

图 3-122 修改设计名称

图 3-123 保存后的 BEMDualReflector 工程管理树

3.4.4 创建几何模型

3.4.4.1 设置模型视图

选择"设计"→"长度单位"选项，如图 3-124 所示，然后在打开的如图 3-125 所示的对话框中修改模型的长度单位为 m，单击"确认"按钮，关闭对话框；然后选择"物理单位"选项，打开"单位"对话框，修改频率单位为 Hz，如图 3-126 所示。

图 3-124 修改长度单位操作

图 3-125 设置模型长度单位

图 3-126 设置物理单位

3.4.4.2 设置变量

选择"工程"→"管理变量"选项,打开"工程变量库"对话框,如图 3-127 所示,单击"增加"按钮,添加变量。

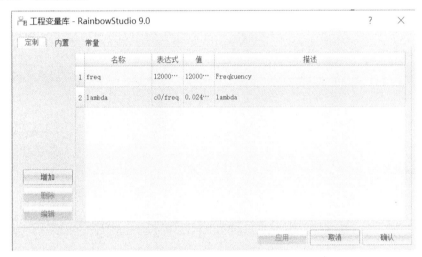

图 3-127 设置模型变量

变量 1
名称:freq
表达式:12E9

变量 2
名称:lambda
表达式:c0/freq

3.4.4.3 创建主反射几何对象

(1) 创建主反射抛物面。

选择"几何"→"抛物面"选项,创建主反射抛物面,如图 3-128 所示。然后,用户可以在模型视图窗口中按如图 3-129 和图 3-130 所示的操作用鼠标创建抛物面。

图 3-128 创建主反射抛物面

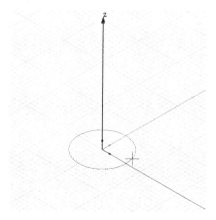
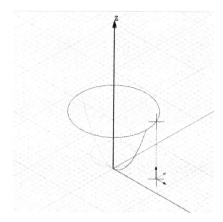

图 3-129　用鼠标拉出抛物面的口径　　　　图 3-130　用鼠标拉出抛物面的高度

双击创建的抛物面对象"Paraboloid1",然后在如图 3-131 所示的"几何"对话框中将名称改为 MainReflector。

双击对象的创建命令"CreatePoroboloid",然后在如图 3-132 所示的"属性"对话框中输入相应的属性参数。

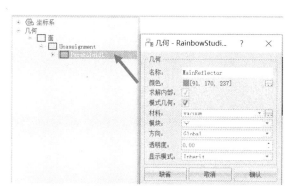
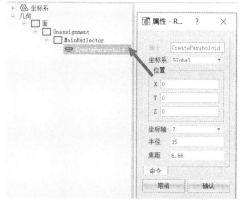

图 3-131　修改抛物面对象的名称　　　　图 3-132　修改抛物面对象的几何尺寸

X|Y|Z：0，0，0　　　　　　　　　　　坐标轴：Z
半径：15　　　　　　　　　　　　　　焦距：6.66

（2）创建主反射圆柱体。

选择"几何"→"圆柱体"选项,创建主反射圆柱体,如图 3-133 所示,然后在模型视图窗口中按照如图 3-134 和图 3-135 所示的操作用鼠标创建圆柱体。

图 3-133　创建主反射圆柱体

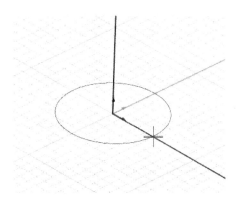
图 3-134 用鼠标拉出圆柱体的半径

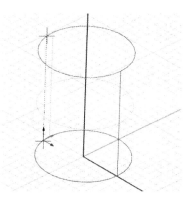
图 3-135 用鼠标拉出圆柱体的高度

双击创建的圆柱体对象"Cylinder1",然后在如图 3-136 所示的"几何"对话框中修改名称为 MainCylinder。

图 3-136 修改圆柱体对象的名称

双击对象的创建命令"CreateCylinder",然后在如图 3-137 所示的"属性"对话框中输入相应的属性参数。

图 3-137 修改圆柱体对象的几何尺寸

X|Y|Z：0，0，0 坐标轴：Z
半径：5.55 高度：11

创建好的主反射圆柱体和抛物面如图 3-138 所示。

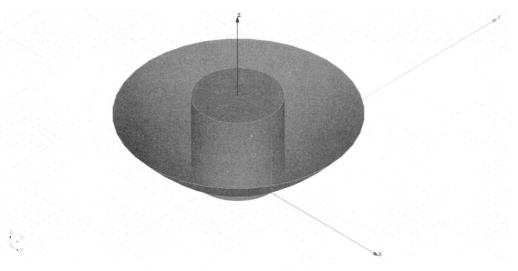

图 3-138　创建好的主反射圆柱体和抛物面

（3）裁剪主反射抛物面。

接下来，需要用圆柱体裁剪抛物面以得到所需的反射抛物面天线几何模型。如图 3-139 所示，在几何树中选择创建的抛物面"MainReflector"和圆柱体"MainCylinder"，然后单击鼠标右键，在弹出的快捷菜单中选择"几何"→"布尔"→"相交"选项，执行相交操作。

图 3-139　相交操作

用户可以在模型视图中滚动鼠标滚轮来放大/缩小模型视图。裁剪后经放大的主反射抛物面如图 3-140 所示。

第 3 章　BEM 仿真实例

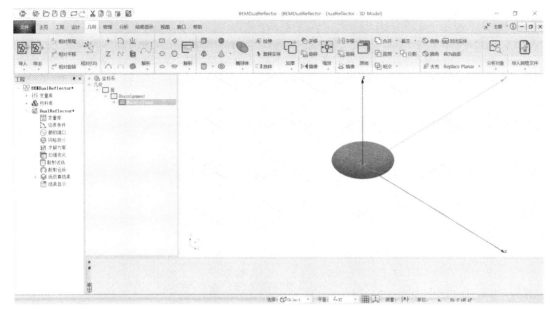

图 3-140　裁剪后经放大的主反射抛物面

3.4.4.4　创建次反射几何对象

（1）创建次反射抛物面。

选择"几何"→"抛物面"选项，创建次反射抛物面，用户可以在模型视图窗口中按照如图 3-141 和图 3-142 所示的操作用鼠标创建抛物面。

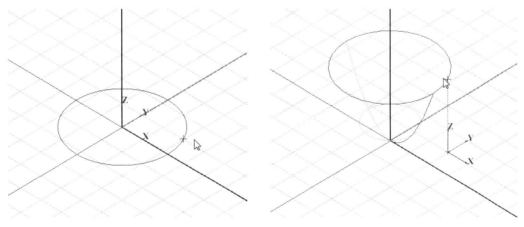

图 3-141　用鼠标拉出抛物面的口径　　　　图 3-142　用鼠标拉出抛物面的高度

双击创建的抛物面对象"Paraboloid2"，然后在如图 3-143 所示的"几何"对话框中修改名称为 SubReflector。

选择对象的创建命令"CreatePoroboloid"，然后在如图 3-144 所示的"属性"对话框中输入相应的属性参数。

图 3-143　修改抛物面对象的名称

图 3-144　修改抛物面对象的几何尺寸

X|Y|Z：0，0，6　　　　　　　　　坐标轴：Z
半径：1　　　　　　　　　　　　　焦距：1.655

（2）创建次反射圆柱体。

选择"几何"→"圆柱体"选项，创建次反射圆柱体，用户可以在模型视图窗口中按照如图 3-145 和图 3-146 所示的操作用鼠标创建圆柱体。

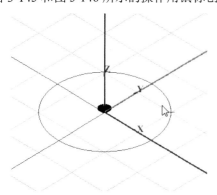

图 3-145　用鼠标拉出圆柱体的半径

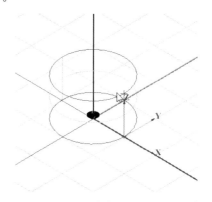

图 3-146　用鼠标拉出圆柱体的高度

双击创建的圆柱体对象 Cylinder2，然后在如图 3-147 所示的"几何"对话框中修改名称为 SubCylinder。

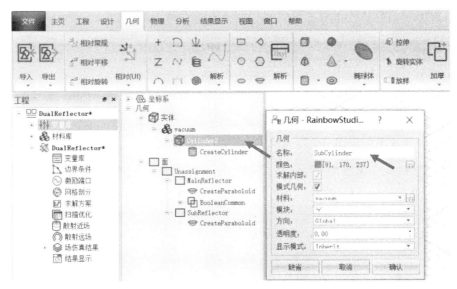

图 3-147　修改圆柱体对象的名称

选择对象的创建命令"CreateCylinder"，然后在如图 3-148 所示的"属性"对话框中输入相应的属性参数。

图 3-148　修改圆柱体对象的几何尺寸

X|Y|Z：0，0，6　　　　　　　　　　坐标轴：Z
半径：0.5　　　　　　　　　　　　　高度：1

（3）裁剪次反射抛物面。

接下来，需要用圆柱体裁剪抛物面以得到所需的反射抛物面天线几何模型。如图 3-149 所示，在几何树中选择创建的抛物面"SubReflector"和圆柱体"SubCylinder"，然后选择"几何"→"相交"选项，执行相交操作。

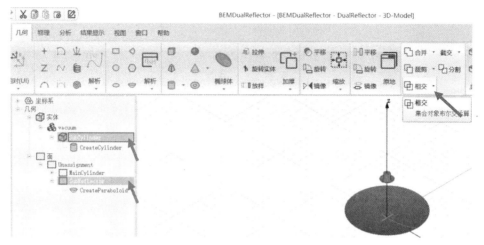

图 3-149　相交操作

用户可以在模型视图中用鼠标滚轮来放大/缩小模型视图。裁剪后经放大的次反射抛物面如图 3-150 所示。

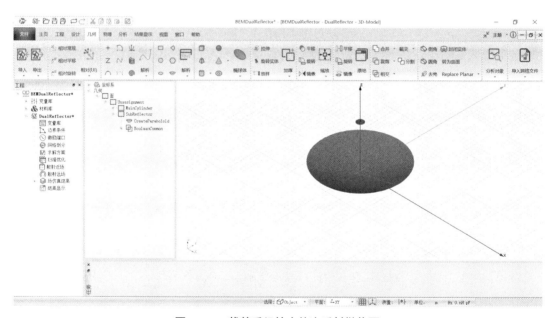

图 3-150　裁剪后经放大的次反射抛物面

3.4.4.5　创建激励相对平移坐标系

接下来，需要为激励创建其所需的相对平移坐标系。选择"几何"→"相对平移"选项，创建相对平移坐标系，如图 3-151 所示；或者在模型视图窗口中单击任意一点以创建相对平移坐标系。在几何树中选择创建的相对平移坐标系"RelativeCS1"，然后在"相对坐标系"对话框中修改其参数，如图 3-152 所示。

图 3-151　创建相对平移坐标系

图 3-152　相对平移坐标系的设置

名称：FeedCS　　　　　　　　　位置：0，0，3.33
X-Axis：1，0，0　　　　　　　　Y-Axis：0，1，0

3.4.5　仿真模型设置

3.4.5.1　设置边界条件

如图 3-153 所示，在几何树中选择创建的主反射抛物面"MainReflector"和次反射抛物"SubReflector"，然后单击鼠标右键，在弹出的快捷菜单中选择"添加边界条件"→"理想电导体"选项，指定主/次反射抛物面为理想电导体边界。

在工程管理树中选择新添加的主/次反射抛物面边界条件，在几何模型视图窗口中会以高亮的形式显示，如图 3-154 所示。

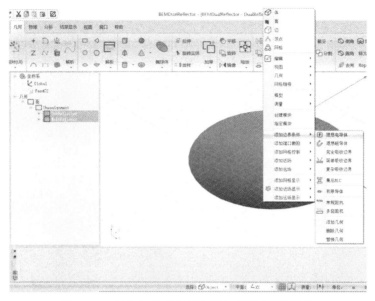

图 3-153　指定主/次反射抛物面为理想电导体边界

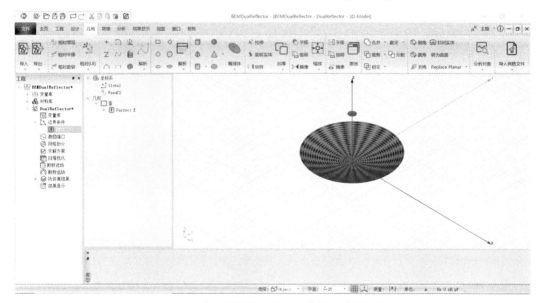

图 3-154　主/次反射抛物面的理想电导体边界条件设置

3.4.5.2　设置激励

选择"物理"→"辐射波"选项，如图 3-155 所示，然后在如图 3-156 和图 3-157 所示的对话框中设置理想辐射波激励。

图 3-155　创建理想辐射波激励操作

图 3-156 设置理想辐射波激励 1

图 3-157 设置理想辐射波激励 2

将理想辐射波的局部坐标系指定为前面创建的相对平移坐标系"FeedCS"。将类型设置为高斯锥形波，其他选项保持默认设置，然后单击"确认"按钮，完成设置。

3.4.5.3 设置网格剖分控制参数

选择"网格剖分"→"初始网络"选项，设置如图 3-158 所示的全局初始网格剖分控制参数。

网格大小模式：Custom   平均：lambda * 2
最小：lambda * 0.2   增长率：2
精确投影控制：选中

3.4.6 仿真求解

3.4.6.1 设置仿真求解器

下一步，需要设置模型分析求解器所需的仿真频率及其选项，以及可能的频率扫描范围。选择"分析"→"添加求解方案"选项，如图 3-159 所示，然后在如图 3-160 和图 3-161 所示的对话框中设置仿真求解器。

图 3-158 设置全局初始网格剖分控制参数

图 3-159 添加求解方案

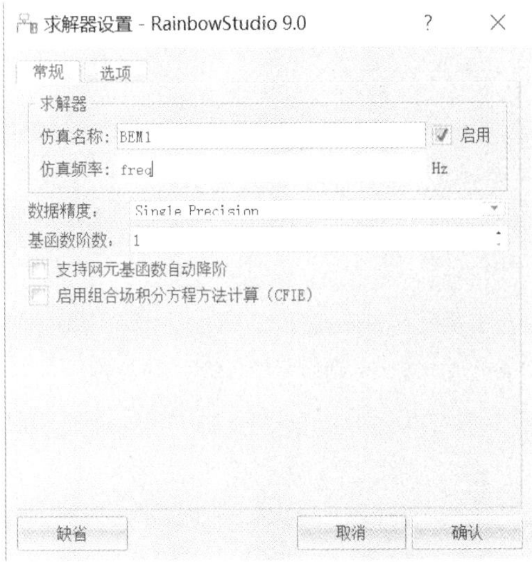

图 3-160 设置仿真求解器 1 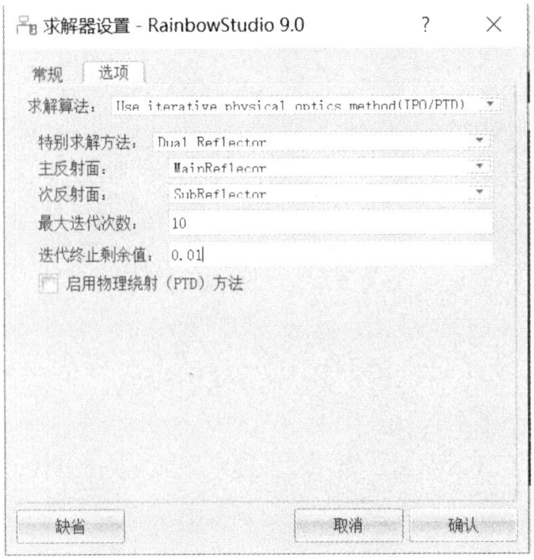　　　图 3-161 设置仿真求解器 2

仿真频率：freq
求解算法：Use iterative physical optics method(IPO/PTD)
特别求解方法：Dual Reflector
主反射面：MainReflector　　次反射面：SubReflector
最大迭代次数：10　　　　　　迭代终止剩余值：0.01

其他选项保持默认设置，然后单击"确认"按钮，完成设置。

3.4.6.2 求解

完成上述任务后，用户可以选择"分析"→"验证设计"选项，在如图 3-162 所示的对话框中验证模型设置是否完整。

下一步，选择"分析"→"求解设计"选项，启动仿真求解器分析模型。用户可以利用任务显示面板查看求解过程，包括进度和其他日志信息，如图 3-163 所示。

图 3-162 验证仿真模型的有效性

图 3-163 查看仿真任务进度信息

3.4.7 结果显示

3.4.7.1 设置在线仿真后场计算

执行"主页"→"选项"命令，打开"选项"对话框，并在如图 3-164 所示的"性能"选项卡中勾选"启用在线仿真后场计算"复选框，打开在线仿真后场计算功能。

图 3-164　打开在线仿真后场计算功能

3.4.7.2　网格显示

用户可以选择某个或多个几何结构，查看它们在仿真分析时构建的网格剖分情况。在工程管理树中，Rainbow 系列软件会把这些新增的结果显示添加到"场仿真结果"目录下。

在模型视图或几何树中选择几何对象"MainReflector"和"SubReflector"，然后选择"物理"→"网格"选项，如图 3-165 所示，并在如图 3-166 所示的"网格显示"对话框中输入相关的控制参数。

图 3-165　为几何模型添加网格

图 3-166　添加几何网格剖分结果显示

设置完成后，所选几何对象"MainReflector"和"SubReflector"的网格剖分情况会在模型视图中显示，如图 3-167 所示。

图 3-167 网格剖分情况

3.4.7.3 反射面近场结果显示

在模型视图或几何树中选择几何对象 "MainReflector" 和 "SubReflector"，然后选择 "物理" → "E 电场模" → "J 电流模" 选项，如图 3-168 所示。在 "近场显示" 对话框中进行如图 3-169 所示的设置。

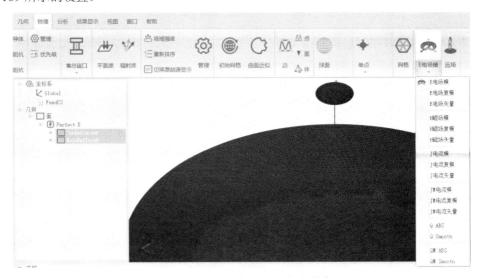

图 3-168 添加几何的近场电流分布

图 3-169 几何近场显示设置

设置完成后，所选几何对象"MainReflector"和"SubReflector"的近场电流分布情况会在模型视图中显示，如图 3-170 所示。

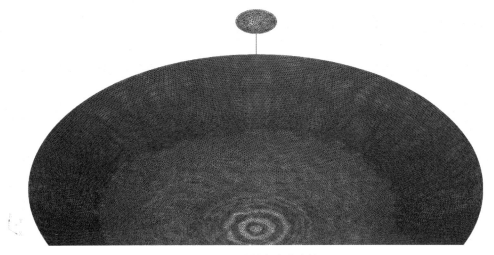

图 3-170　近场电流分布情况

3.5　RCS 仿真实例——NASA Almond

3.5.1　问题描述

这个例子用来展示如何应用 BEM 进行单站 RCS 的仿真，Almond 的具体描述可参考 Alex 等的论文——*Benchmark Radar Targets for the Validation of Computational Electromagnetic Programs*。NASA Almond 模型实例如图 3-171 所示。

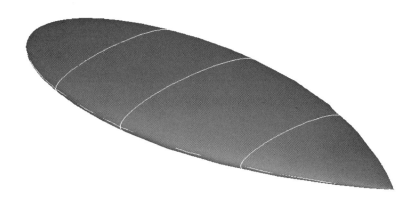

图 3-171　NASA Almond 模型实例

BEM 结合快速多极子及快速 RCS 算法计算如图 3-171 所示的 Almond 的单站 RCS。Almond 模型的解析方程如下：

$$\text{for} -0.41667 < t < 0 \text{ and} -\pi < \varphi < \pi \qquad (3\text{-}1)$$

$$x = dt(\text{in}) \qquad (3\text{-}2)$$

$$y = 0.193333d\sqrt{1-(\frac{t}{0.416667})^2}\cos\varphi? \qquad (3\text{-}3)$$

$$z = 0.064444d\sqrt{1-(\frac{t}{0.416667})^2}\sin\varphi \qquad (3\text{-}4)$$

$$\text{for } 0 < t < 0.58333 \text{ and} -\pi < \varphi < \pi \qquad (3\text{-}5)$$

$$x = dt(\text{in}) \qquad (3\text{-}6)$$

$$y = 4.83345d\left[\sqrt{1-(\frac{t}{2.08335})^2}-0.96\right]\cos\varphi \qquad (3\text{-}7)$$

$$z = 1.61115d\left[\sqrt{1-(\frac{t}{2.08335})^2}-0.96\right]\sin\varphi \qquad (3\text{-}8)$$

当 d = 9.936 in（1in=2.54cm）时，Almond 的总长度为 9.936in。

3.5.2 系统的启动

选择操作系统的"Start"→"Rainbow Simulation Technologies"→"Rainbow Studio"选项，在打开的"产品选择"对话框中选择模块，如图 3-172 所示，启动 Rainbow Studio-BEM3D 模块。

3.5.3 创建 BEM 文档与设计

如图 3-173 所示，选择"文件"→"新建工程"→"Studio 工程与 BEM 模型"选项，创建新的文档，其中包含一个默认的 BEM 设计。

图 3-172 启动 Rainbow Studio-BEM3D 模块

图 3-173 创建 BEM 文档与设计

如图 3-174 所示，在工程管理树中选择 BEM 设计树节点并单击鼠标右键，然后在弹出的快捷菜单中选择"模型改名"选项，把设计的名称修改为 Almond。

选择"文件"→"保存"选项或按 Ctrl+S 组合键，保存文档，将文档保存为 BEMAlmond.rbs 文件。保存后的 BEMAlmond 工程管理树如图 3-175 所示。

图 3-174　修改设计名称　　　　　图 3-175　保存后的 BEMAlmond 工程管理树

3.5.4　创建几何模型

用户可以通过"几何"选项卡下的各个选项从零开始创建各种三维几何模型，包括坐标系、点、线、面和体。

3.5.4.1　设置模型视图

如图 3-176 所示，选择"设计"→"长度单位"选项，修改设计的长度单位。如图 3-177 所示，将单位修改为 in，单击"确认"按钮关闭对话框；然后选择"物理单位"选项，打开"单位"对话框，修改频率单位为 Hz，如图 3-178 所示。

图 3-176　修改长度单位

图 3-177　设置模型长度单位　　　　图 3-178　设置频率单位

3.5.4.2 设置变量

选择"设计"→"管理变量"选项，打开 Almond 设计的"Design Variable Library Editor"对话框，单击"增加"按钮，如图 3-179 所示，依次创建变量。也可以选中"变量库"，然后单击鼠标右键，在弹出的快捷菜单中选择"添加变量"选项，进行变量的添加操作。

图 3-179　设置模型变量

变量 1
名称：freq
表达式：7E9

变量 2
名称：lambda
表达式：c0/(0.0254 * freq)

变量 3
名称：d
表达式：9.936

变量 4
名称：scalez
表达式：0.3

3.5.4.3 创建几何对象

（1）创建曲线。

选择"几何"→"解析"选项，创建方程曲线，如图 3-180 所示，可在如图 3-181 所示的对话框中输入相应的曲线控制方程。

图 3-180　创建方程曲线操作

第3章 BEM 仿真实例

图 3-181 创建方程曲线 1

T0：-0.41667　　　　　　　　　T1：0

X(_t)：d*t

Y(_t)：0.193333*d*sqrt(1-t*t/(0.41667*0.41667))

Z(_t)：0

再次选择"几何"→"解析"选项，创建方程曲线，并在"方程曲线"对话框中输入相应的曲线控制方程，如图 3-182 所示。

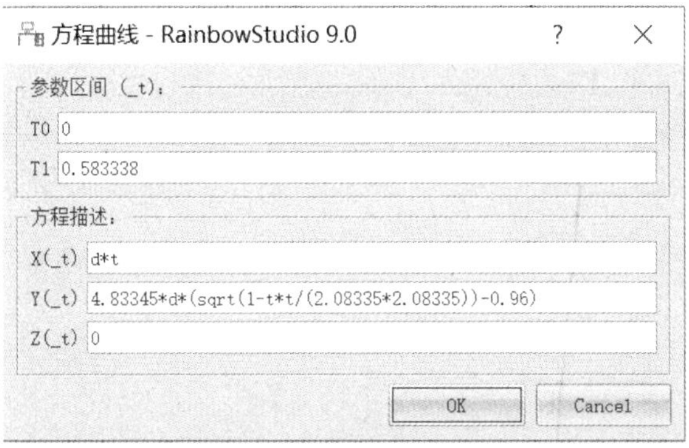

图 3-182 创建方程曲线 2

T0：0　　　　　　　　　　　　T1：0.583338

X(_t)：d*t

Y(_t)：4.83345*d*(sqrt(1-t*t/(2.08335*2.08335))-0.96)

Z(_t)：0

（2）合并曲线。

接下来，需要合并两条方程曲线，以准备接下来的选择操作。如图 3-183 所示，在几何树中选择创建的两条方程曲线"EquationCurve1"和"EquationCurve2"，然后单击鼠标右键，在弹出的快捷菜单中选择"几何"→"布尔"→"合并"选项，执行合并操作。

用户可以在模型视图中滚动鼠标滚轮来放大/缩小模型视图。合并后经放大的方程曲线如图 3-184 所示。

（3）修补方程曲线。

计算精度误差使得这两条方程曲线在端点处并没有融合得很好，需要修补。合并后的曲线会被命名为"EquationCurve1",单击"+"号,在其中找到融合命令"BooleanFuse",融合后的曲线属性显示在如图 3-185 所示的"属性"对话框中,修改其中的模糊容差为 0.0001。

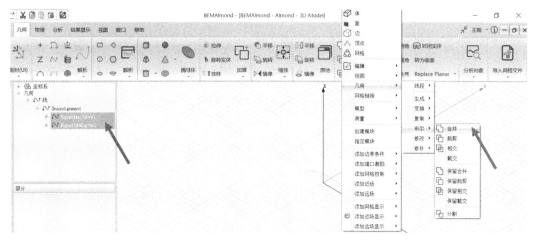

图 3-183　合并方程曲线

图 3-184　合并后经放大的方程曲线

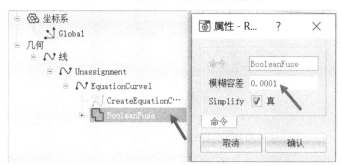

图 3-185　修改模糊容差

执行这个修补操作后,曲线能够自动修补空隙。

(4)创建旋转几何对象。

在几何树中选择融合后的曲线"EquationCurve1",然后选择"几何"→"旋转实体"选项,如图 3-186 所示,并在如图 3-187 所示的对话框中输入相应的控制参数。

第 3 章　BEM 仿真实例

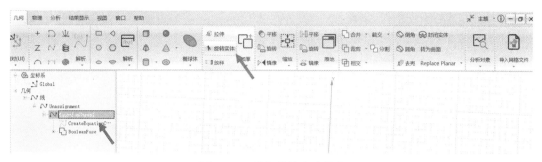

图 3-186　进行旋转实体操作

图 3-187　旋转实体操作设置

坐标轴：　X 轴　　　　　　　　　　　角度（deg）：360

"旋转实体"命令执行完后，旋转几何对象如图 3-188 所示。

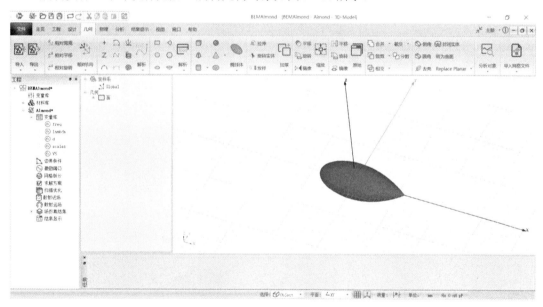

图 3-188　旋转几何对象

（5）几何变形操作——扁平化。

接下来，通过几何变形操作把生成的旋转几何对象沿 Z 轴方向进行扁平化。在几何树中选择旋转几何对象"EquationCurve1"，然后单击鼠标右键，在弹出的快捷菜单中选择"几何"→"变换"→"各向异性缩放"选项，如图 3-189 所示，并在如图 3-190 所示的对话框中输入相应的控制参数。

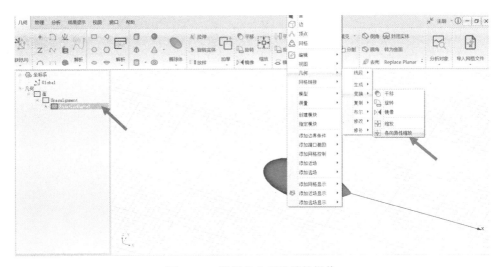

图 3-189 进行各向异性缩放操作

图 3-190 几何变形操作控制参数

缩放 X：1　　　　　　缩放 Y：1　　　　　　缩放 Z：scalez

扁平化后的旋转几何对象如图 3-191 所示。

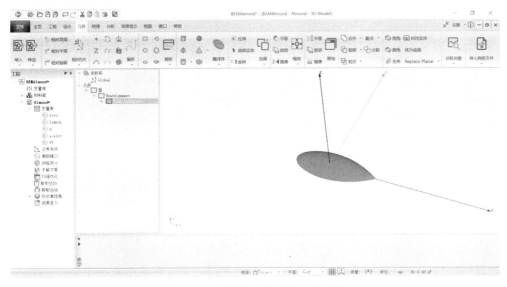

图 3-191 扁平化后的旋转几何对象

（6）变面为体。

上述生成的扁平化旋转几何对象实际上依然是一个几何面结构，需要把它变为一个包含

PEC 材料的几何体结构。在几何树中选择扁平化旋转几何对象"EquationCurve1",然后选择"几何"→"封闭实体"选项,将其变为一个实体结构,如图 3-192 所示。

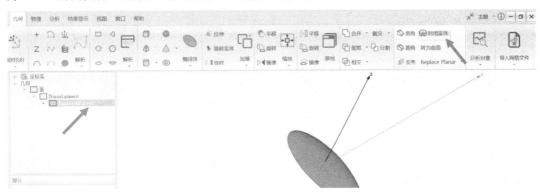

图 3-192　变面为体

（7）设置几何属性。

接下来,设置 Almond 几何体结构的名称、材料等属性。在几何树中选择几何体结构"EquationCurve1",该几何对象的属性显示在如图 3-193 所示的"几何"对话框中,修改其中的材料参数为 pec,修改几何对象的名称为 Almond。

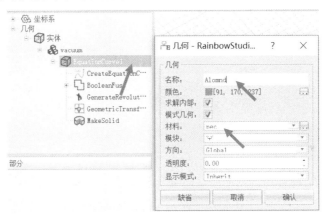

图 3-193　设置几何对象的属性

3.5.5　仿真模型设置

接下来,需要为几何模型设置各种相关的物理特性,包括模型的边界条件、激励、网格剖分控制参数等。

3.5.5.1　设置激励

创建好几何模型后,用户可以为几何模型设置各种端口激励方式和参数。在工程管理树中,Rainbow 系列软件会把这些新增的端口激励添加到"激励端口"目录下。选择"物理"→"平面波"选项,如图 3-194 所示,然后设置如图 3-195 所示的 phi 平面波激励。

图 3-194 添加平面波

图 3-195 添加 phi 平面波激励

Wave Phi
起点：1
终点：180
步进：1

Wave Theta
起点：90
终点：90
步进：0

Eo Vector
Phi：1　　Theta：0

选择"物理"→"平面波"选项，设置如图 3-196 所示的 theta 平面波激励。

图 3-196 添加 theta 平面波激励

Phi	Theta
起点：1	起点：90
终点：180	终点：90
步进：1	步进：0

Eo Vector

Phi：0　　　Theta：1

3.5.5.2 设置网格剖分控制参数

几何模型创建好后，用户需要为几何模型及其某些关键结构设置各种全局和局部网格剖分控制参数。在工程管理树中，Rainbow 系列软件会把这些新增的结果显示添加到"网格剖分"目录下。选择"网格剖分"→"初始网格"选项，设置如图 3-197 所示的全局初始网格剖分控制参数。

图 3-197　设置全局初始网格剖分控制参数

平均：lambda * 0.1　　　　　　　　最小：lambda * 0.05

3.5.6　仿真求解

3.5.6.1 设置仿真求解器

下一步，用户需要设置模型分析设置求解器所需的仿真频率及其选项，以及可能的频率扫描范围。在工程管理树中，Rainbow 系列软件会把这些新增的求解器参数和频率扫描范围添加到"分析"目录下。选择"分析"→"添加求解方案"选项，如图 3-198 所示，添加如图 3-199 和图 3-200 所示的仿真求解器。

图 3-198　添加求解方案操作

图 3-199　设置仿真求解器 1　　　　　图 3-199　设置仿真求解器 2

仿真频率：freq

启用组合场积分方程方法计算（CFIE）：选中

CFIE 因子：0.6

数据精度：Single Precision

求解算法：Use direct LU decomposition

3.5.6.2　求解

完成上述任务后，用户可以选择"分析"→"验证设计"选项，如图 3-201 所示，在如图 3-202 所示的"验证模型"对话框中查看模型设置是否完整。

图 3-201　验证设计操作

图 3-202　验证仿真模型的有效性

下一步，选择"分析"→"求解设计"选项，启动仿真求解器分析模型。用户可以利用任务显示面板查看求解过程，包括进度和其他日志信息，如图 3-203 所示。

图 3-203　查看仿真任务进度信息

3.5.7 结果显示

仿真分析结束后,用户可以查看模型仿真分析的各个结果,包括仿真分析所用的网格剖分、模型几何结构上的近场和远场显示,激励端口的 S 参数曲线等。

3.5.7.1 网格显示

用户可以选择某个或多个几何结构,查看它们在仿真分析时所设置的网格大小。用户可以选择"物理"→"网格"选项,为选择的几何结构添加网格剖分显示。在工程管理树中,Rainbow 系列软件中会把这些新增的结果显示添加到"场仿真结果"目录下。在模型视图或几何树中选择 Almond 几何对象,然后选择"物理"→"网格"选项,如图 3-204 所示,并在如图 3-205 所示的对话框中输入相应的控制参数。

图 3-204 添加网格

图 3-205 添加几何网格剖分结果显示

单击"确认"按钮,关闭对话框。完成设置后,所选 Almond 几何对象的网格剖分情况会在模型视图中显示,如图 3-206 所示。

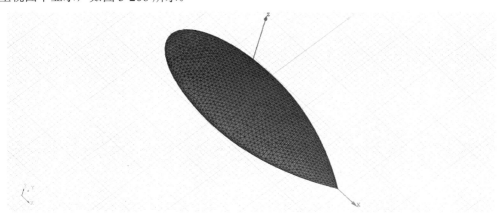

图 3-206 网格剖分情况

3.5.7.2 近场结果显示

仿真结束后,用户可以选择模型的某个或多个几何结构,查看其上的电流、电场、磁场等的分布与流动情况。在工程管理树中，Rainbow 系列软件会把这些新增的结果显示添加到"场仿真结果"目录下。

在模型视图或几何树中选择 Almond 几何对象，然后选择"物理"→"E 电场模"→"J 电流模"选项，如图 3-207 所示，并在如图 3-208 所示的对话框中输入相应的控制参数。

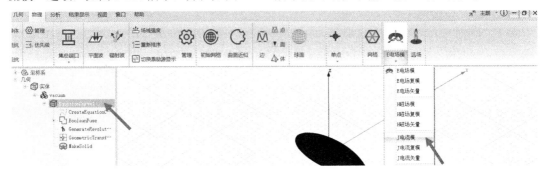

图 3-207　添加近场电流分布操作

图 3-208　设置几何的近场电流分布

设置完成后，所选 Almond 几何对象的近场电流分布情况会在模型视图中显示，如图 3-209 所示。

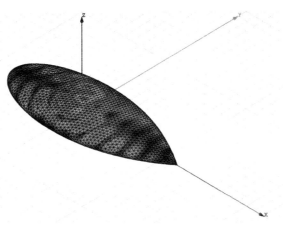

图 3-209　近场电流分布情况

3.5.7.3 远场单站 RCS 显示

仿真结束后，用户可以创建各种形式的视图，包括线图、曲面、极坐标显示、天线辐射图等。在工程管理树中，Rainbow 系列软件会把这些新增的视图显示添加到"结果显示"目录下。选择"结果显示"→"远场图表"→"2 维矩形线图"选项，如图 3-210 所示，并在如图 3-211 所示的对话框中输入相应的控制参数以添加远场 RCS 结果显示。

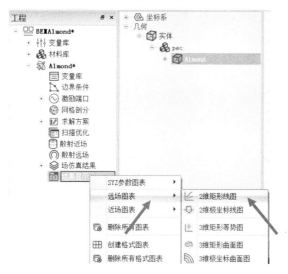

图 3-210 生成远场 RCS 曲线

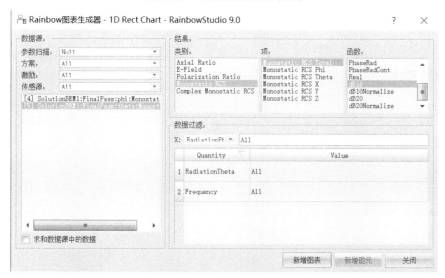

图 3-211 设置图表参数

参数扫描：Null   方案：All
激励：All   传感源：All
信号源：选择[4]或[5]   类别：Monostatic RCS
项：Monostatic RCS Total   X：RadiationPhi
函数：dB10

设置完成后，远场 RCS 仿真结果如图 3-212 和图 3-213 所示。

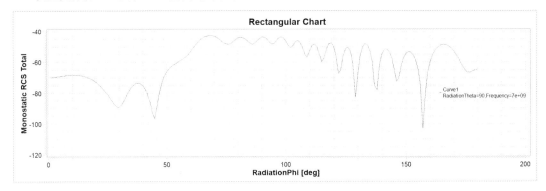

图 3-212　远场 RCS 仿真结果（水平极化）

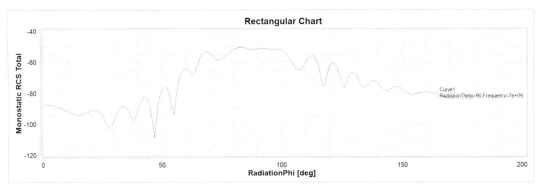

图 3-213　远场 RCS 仿真结果（垂直极化）

3.5.8　参数扫描分析

系统可以根据独立变量的不同取值分析模型的不同结果。

3.5.8.1　添加参数扫描方案

选择"分析"→"添加扫描计划"选项，如图 3-214 所示，并在如图 3-215 所示的对话框中选择 scalez 独立变量，然后单击"增加"按钮，打开"参数扫描"对话框，如图 3-216 所示。在该对话框中设置独立变量 scalez 的扫描范围。

图 3-214　添加扫描计划

在图 3-216 中单击"确认"按钮后，在图 3-215 中再次单击"确认"按钮，完成设置。

设计完成后的参数扫描方案会保存在工程管理树的"扫描优化"目录下，如图 3-217 所示，单击"+"号，选择"Parametric1"并单击鼠标右键，然后在弹出的快捷菜单中选择"求解"选项，启动参数扫描仿真分析。

图 3-215　设置扫描计划变量

图 3-216　设置独立变量 scalez 的扫描范围

图 3-217　选择"求解"选项

3.5.8.2　扫描求解

参数扫面方案设置好后，任务显示面板中会显示所有扫描方案的整体仿真进度，如图 3-218 所示（也可以查看具体的任务进度信息）。

图 3-218　扫描方案的整体仿真进度

由于设计方案及模型的复杂程度不同，所以求解的时间会因具体的例子而异。成功求解后，会在任务进度信息中显示"任务成功"的字样。

3.5.8.3　远场 RCS 结果显示

仿真结束后，用户可以创建各种形式的视图，包括线图、曲面、极坐标显示、天线辐射图等。在工程管理树中，Rainbow 系列软件会把这些新增的视图显示添加到"结果显示"目录下。选择"结果显示"→"远场图表"→"2 维矩形线图"选项，如图 3-219 所示，并在如图 3-220 所示的对话框中输入相应的控制参数，以添加远场 RCS 结果。

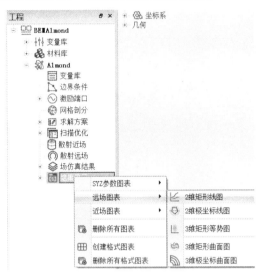

图 3-219　添加远场图表操作

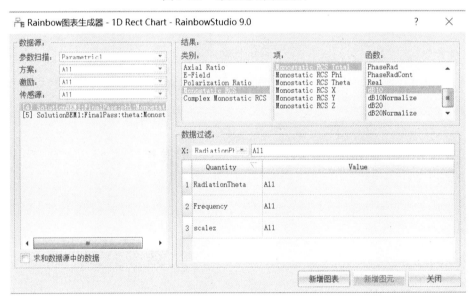

图 3-220　生成参数扫描 RCS 远场曲线

参数扫描：Parametric1　　　　　　方案：All
激励：All　　　　　　　　　　　　传感源：All
信号源：选择[4]或[5]　　　　　　 类别：Monostatic RCS
项：Monostatic RCS Total　　　　　函数：dB10
X：RadiationPhi

设置完成后，生成的远场 RCS 曲线在仿真分析结果视图中如图 3-221 所示。

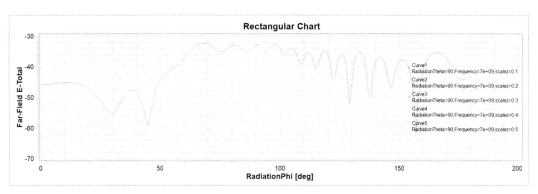

图 3-221　不同变量值的远场 RCS 曲线（多条曲线重合）

如图 3-222 所示，系统也可以在生成远场 RCS 曲线时选择独立变量 scalez 为 X 轴，并选择 RadiationPhi 的值为 1、45、90、135 和 180。

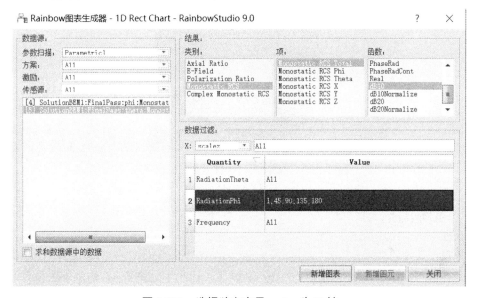

图 3-222　选择独立变量 scalez 为 X 轴

设置完成后，生成的不同观察角度的远场 RCS 曲线如图 3-223 所示。

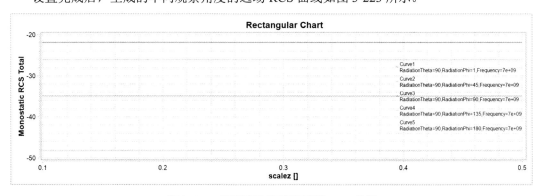

图 3-223　不同观察角度的远场 RCS 曲线

3.6 反射抛物面天线仿真实例——带馈源的单反射天线

3.6.1 问题描述

本例展示了用 Rainbow-BEM3D 模块对如图 3-224 所示的以喇叭天线为馈源的单反射天线进行建模和仿真的过程。

图 3-224 以喇叭天线为馈源的单反射天线

3.6.2 系统的启动

选择操作系统的"Start"→"Rainbow Simulation Technologies"→"Rainbow Studio"选项，然后在打开的"产品选择"对话框中选择产品模块，如图 3-225 所示，启动 Rainbow-BEM3D 模块。

图 3-225 启动 Rainbow-BEM3D 模块

3.6.3 创建 BEM 文档与设计

如图 3-226 所示，选择"文件"→"新建工程"→"Studio 工程与 BEM 模型"选项，创建新的文档，其中包含一个默认的 BEM 设计。

如图 3-227 所示，在工程管理树中选择 BEM 设计树节点并单击鼠标右键，然后在弹出的快捷菜单中选择"模型改名"选项，把设计的名称修改为 SingleReflector。

选择"文件"→"保存"选项或按 Ctrl+S 组合键保存文档，将文档保存为 BEMSingleReflector.rbs 文件。保存后的 BEMSingleReflector 工程管理树如图 3-228 所示。

图 3-226　创建 BEM 文档与设计

图 3-227　修改设计名称　　　　图 3-228　保存后的 BEMSingleRefiecfor 工程管理树

3.6.4 创建几何模型

用户可以通过"几何"选项卡下的各个选项从零开始创建各种三维几何模型，包括坐标系、点、线、面和体。

3.6.4.1 设置模型视图

如图 3-229 所示，选择"设计"→"长度单位"选项，然后在如图 3-230 所示的对话框中修改模型的长度单位为 m。单击"确认"按钮关闭对话框。

图 3-229　修改长度

图 3-230 设置模型长度单位

3.6.4.2 设置变量

选择"设计"→"添加变量"选项,打开"工程变量库"对话框,如图 3-231 所示,然后在此对话框中添加如表 3-2 所示的各变量至变量库。

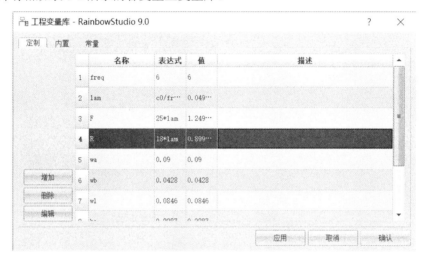

图 3-231 添加变量

表 3-2 新建变量

变 量 名	表 达 式
freq	6
lam	c0/freq/1e9
F	25*lam
R	18*lam
wa	0.09
wb	0.0428
wl	0.0846
ha	0.2287
hb	0.1
hl	0.1395

3.6.4.3 创建喇叭天线几何对象

在本例中,我们使用如图 3-232 所示的喇叭天线作为馈源。

选择"几何"→"楔体"选项,在全局坐标系中创建任意楔体模型。创建喇叭天线的喇叭口,此时几何树下会生成相应的几何菜单,如图 3-233 所示。

图 3-232　喇叭几何模型

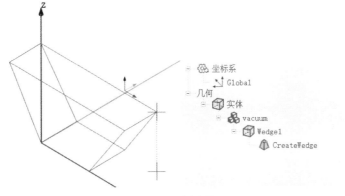

图 3-233　创建楔体

用户可以双击几何树中建立好的几何对象"Wedge1",然后在"几何"对话框中改变线段的名称、颜色等参数,如图 3-234 所示;双击几何创建命令"CreateWedge",然后在"属性"对话框中改变楔体的坐标参数,如图 3-235 所示。

图 3-234　修改直线属性

图 3-235　改变楔体的坐标参数

End 1
X:0

End 2
X:0

Y：0
Z：0
Length 1：wa
宽度 1：wb

Y：0
Z：hl
Length 2：ha
宽度 2：hb

接下来，在"选择"下拉列表中选择"Face"选项，然后选中楔体的顶部几何面并单击鼠标右键，在弹出的快捷菜单中选择"几何"→"修补"→"移除面"选项，将几何体顶面移除，如图 3-236 所示。

用相同的操作方法把楔体几何模型的底面移除。创建完成的喇叭口如图 3-237 所示。

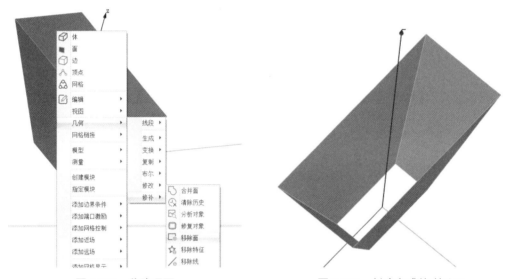

图 3-236　移除顶面　　　　　　　　　图 3-237　创建完成的喇叭口

创建一个五个面的空心长方体模型，并将该模型与喇叭口底部相连。

选择"几何"→"长方体"选项，创建长方体，双击几何树中的"Box1"选项，打开"几何"对话框，可在此修改该长方体的名称、透明度等属性，如图 3-238 所示。

再打开"Box1"目录下"CreatBox"选项，在"位置"选区中输入其位置坐标，在"长度"、"宽度"和"高度"文本框中分别输入相应的参数，结果如图 3-239 所示。

图 3-238　"几何"对话框　　　　　　图 3-239　"属性"对话框

位置

X：-wa/2　　　　　　　　　　　　长度：wa

Y：-wb/2　　　　　　　　　　　　宽度：wb

Z：-wl　　　　　　　　　　　　　高度：wl

创建完成的长方体如图 3-240 所示。

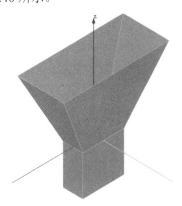

图 3-240　创建完成的长方体

选中长方体与喇叭口相连的长方形表面，然后单击鼠标右键，在弹出的快捷菜单中选择"几何"→"修补"→"移除面"选项，将长方体顶面移除，如图 3-241 所示。

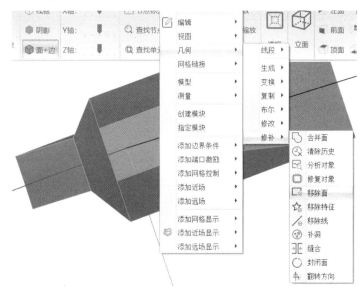

图 3-241　移除长方体顶面

创建完成的喇叭几何模型如图 3-242 所示。

模型建好之后，使用布尔操作生成最终的矩形口径喇叭天线模型。如图 3-243 所示，按住 Ctrl 键，依次选中喇叭口与长方体，然后单击鼠标右键，在弹出的快捷菜单中执行"几何"→"布尔"→"合并"命令，执行合并操作，将选中的物体合并成一个整体。合并生成的物体的名称、属性与执行合并操作前第一个选中的物体的名称、属性相同。

图 3-242 创建完成的喇叭几何模型

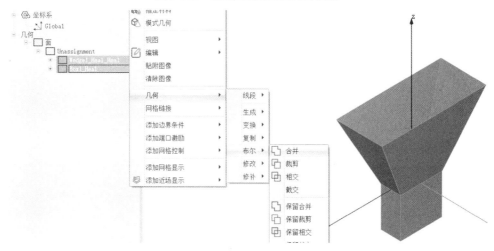

图 3-241 合并几何体

3.6.4.4 创建单反射抛物面

接下来,创建单反射抛物面,选择"几何"→"抛物面"选项,在模型视图的任意一点用鼠标拉出抛物线的口径和高度,如图 3-244 所示。

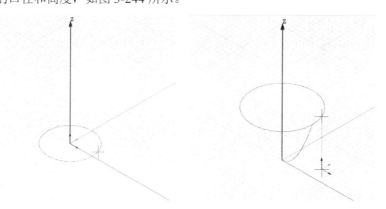

图 3-244 用鼠标拉出抛物面的口径和高度

双击几何树中创建好的抛物面对象"Paraboloid1"和"CreateParaboloid",打开"几何"对话框并输入如图 3-245 所示的参数。

图 3-245　修改单反射抛物面的属性

创建好的几何对象如图 3-246 所示。

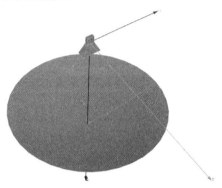

图 3-246　创建好的几何对象

3.6.5　仿真模型设置

3.6.5.1　设置边界条件

把喇叭天线的外表面和单反射抛物面设置为理想电导体边界。如图 3-247 所示，选中所有几何对象模型，然后单击鼠标右键，在弹出的快捷菜单中选择"添加边界条件"→"理想电导体"选项，即可为所有几何模型添加理想电导体边界，添加边界后的效果如图 3-248 所示。

图 3-247　添加理想电导体边界

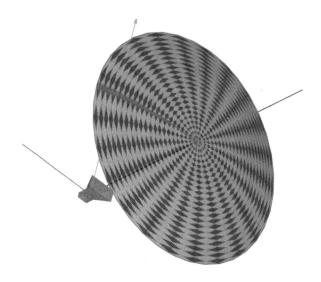

图 3-248 添加边界后的效果

3.6.5.2 设置激励

在底部的"选择"下拉列表中选择"Face"选项，然后选中喇叭底部的矩形面并单击鼠标右键，在弹出的快捷菜单中选择"添加激励端口"→"矩形波端口"选项，将其激励方式设置为矩形波端口激励，阻抗为 50Ω，如图 3-249 所示。

图 3-249 设置激励

3.6.5.3 设置网格剖分控制参数

几何模型创建好后，需要为几何模型及其某些关键结构设置各种全局和局部网格剖分控制参数。选择"物理"→"初始网格"选项，设置如图 3-250 所示的全局初始网格控制参数。

可在工程管理树中查看设置好的边界条件、激励方式、网格剖分，如图 3-251 所示。如果想删除边界条件或端口激励，则只需单击相应的边界条件或激励，再按 Delete 键即可。

第 3 章 BEM 仿真实例

图 3-250　全局初始网格控制参数

图 3-251　工程管理树

网格大小模式：Custom
类型：Use Quadrilateral Element

平均：0.5*lam
阶数：Quadratic

3.6.6　仿真求解

3.6.6.1　设置仿真求解器

接下来，需要设置模型分析求解器所需的仿真频率及其选项，以及可能的频率扫描范围。选择"分析"→"添加求解方案"选项，然后在"求解器设置"对话框中设置相应的参数，结果如图 3-252 和图 3-253 所示。

图 3-252　设置仿真求解器 1

图 3-253　设置仿真求解器 2

仿真频率：freq
数据精度：Single Precision

求解算法：Use direct LU decomposition

3.6.6.2 设置远场观察球

选择工程管理树中的"散射远场"→"球面"选项，或者选择"物理"→"球面"选项，设置远场观察球参数，如图3-254所示。

图3-254 设置远场观察球参数

Phi
起点：-180
终点：180
步幅：5

Theta
起点：0
终点：180
步幅：1

3.6.6.3 求解

完成上述任务后，用户可以选择"分析"→"验证设计"选项，验证模型设置是否完整，如图3-255所示。

下一步，选择"分析"→"求解设计"选项，启动仿真求解器分析模型。用户可以利用任务显示面板查看求解过程，包括进度和其他日志信息，如图3-256所示。

图3-255 验证仿真模型的有效性

图3-256 查看仿真任务进度信息

3.6.7 结果显示

仿真结束后，用户可以创建各种形式的视图，包括线图、天线辐射图等。

选择工程管理树中的"结果显示"→"远场图表"→"2维矩形线图"选项，对参数图表进行设置，结果如图3-257所示。

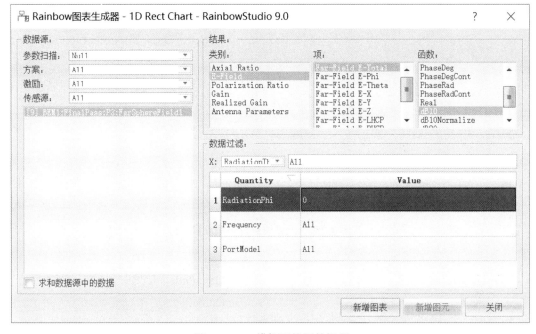

图3-257 2维矩形线图的设置

数据源：[9]　　　　　　　　　　　　　类别：E-Field
项：Far-Field E-Total　　　　　　　　　函数：dB10
X：RadiationTheta　　　　　　　　　　RadiationPhi：0
Frequency：All　　　　　　　　　　　　PortModel：All

2维矩形线图的仿真结果如图3-258所示。

在工程管理树中选择"结果显示"→"远场图表"→"3维极坐标曲线图"选项，设置远场的三维增益方向图，如图3-259所示。

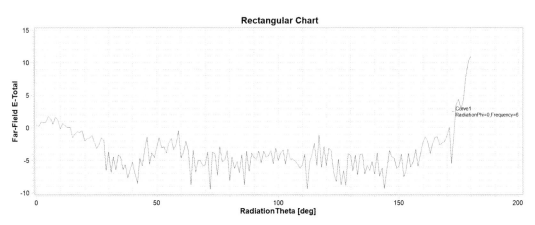

图3-258 2维矩形线图的仿真结果

图 3-259　三维增益方向图设置

数据源：[9]　　　　　　　　　　　类别：Gain
项：Gain Total　　　　　　　　　　函数：Magnitude
X：RadiationTheta　　　　　　　　Y：RadiationPhi
Frequency：All　　　　　　　　　　PortModel：All

设置完成后，生成的三维增益方向图如图 3-260 所示。

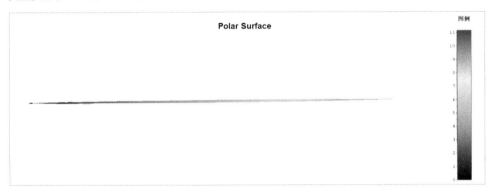

图 3-260　三维增益方向图

系统也可以把生成的远场方向图添加到几何模型视图中。如图 3-261 所示，选择工程管理树上的"散射远场"目录并单击鼠标右键，然后在弹出的快捷菜单中选择"添加远场显示"→"远场"选项，并在如图 3-262 所示的对话框中输入相应的控制参数，以查看模型的散射远场结果。

添加好后的远场散射方向图会在几何模型视图中显示，如图 3-263 所示。

如果想导出天线远场数据，则可右击工程管理树中"散射远场"目录下的"FarSphereField"选项，然后在弹出的快捷菜单中选择"Far-Field Matrix"选项，打开如图 3-264 所示的对话框，在此选择频率、角度等信息，再依次单击"计算"→"导出"按钮即可。

图 3-261　添加远场方向图　　　　　图 3-262　设置控制参数

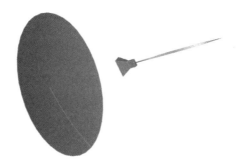

图 3-263　几何模型视图中的远场散射方向图

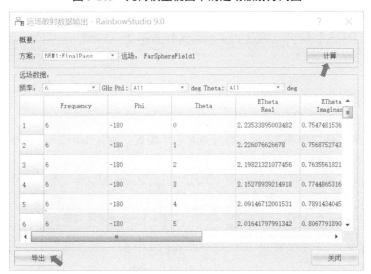

图 3-264　"远场散射数据输出"对话框

 思考与练习

（1）简述 Rainbow-BEM3D 的建模过程。

（2）如何查看几何模型的远场结果图？

第 4 章　FEM 仿真实例

Rainbow-FEM3D 是用于解决电小精细结构分析问题的软件模块,它以矢量有限元算法求解器为基础,结合三维建模技术、自动自适应网格剖分、大规模并行计算方法和标准 CAD/EDA 交互接口数据流程,可有效应用于航空、航天、电子、武器、船舶、汽车、通信、民用设备、高校教研领域内涉及通信系统、雷达系统、卫星系统、武器系统及系统级电磁兼容性分析中的电小复杂结构的电磁产品设计、仿真优化和性能分析。Rainbow-FEM3D 可精确求解电小精细结构的高频电磁场仿真结果,用户可以直接将其应用于电磁产品工业级设计和仿真分析。有了 Rainbow-FEM3D,工程设计人员可在仿真结果中提取 SYZ 参数,并可通过可视化分析近/远场电磁分布及 3D 方向图。Rainbow-FEM3D 具有易操作、精准、通用、高效的特点。

Rainbow-FEM3D 模块的设计流程如图 4-1 所示。

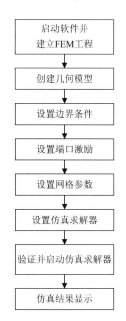

图 4-1　Rainbow-FEM3D 模块的设计流程

4.1　FEM 仿真实例——MagicT

4.1.1　问题描述

本例要展示的器件如图 4-2 所示,通过查看远场图表,介绍 Rainbow-FEM3D 模块的具体仿真流程,包括建模、求解、后处理等。

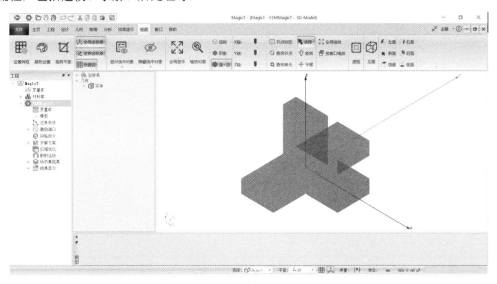

图 4-2　MagicT 模型

4.1.2 系统的启动

4.1.2.1 从开始菜单启动

选择操作系统的"Start"→"Rainbow Simulation Technologies"→"Rainbow Studio"选项,在弹出的"产品选择"对话框中选择产品模块,如图 4-3 所示,启动 Rainbow-FEM3D 模块。

图 4-3 启动 Rainbow-FEM3D 模块

4.1.2.2 创建 FEM 文档与设计

如图 4-4 所示,选择"文件"→"新建工程"→"Studio 工程与 FEM(Modal)模型"选项,创建新的文档,其中包含一个默认的 FEM 设计。

在弹出的对话框中修改模型的名称为 MagicT,如图 4-5 所示。

图 4-4 创建 FEM 文档与设计

图 4-5 修改模型的名称

选择"文件"→"保存"选项或按 Ctrl+S 组合键以保存文档,将文档保存为 FEMMagicT.rbs 文件。保存后的 FEMMagicT 工程管理树如图 4-6 所示。

图 4-6 保存后的 FEMMagicT 工程管理树

4.1.3 创建几何模型

4.1.3.1 创建长方体

选择"几何"→"长方体"选项,创建长方体,如图4-7所示,在模型视图窗口中进行如图4-8和图4-9所示的操作,用鼠标操作创建长方体。

图4-7 创建长方体

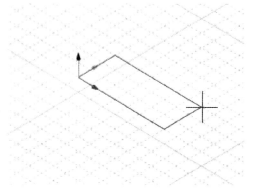

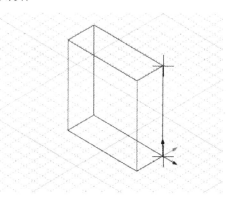

图4-8 用鼠标拉出长方体的底面   图4-9 用鼠标拉出长方体的高度

双击创建命令CreateBox,可以在"属性"对话框中修改长方体的属性,如图4-10所示。

图4-10 修改长方体的属性

X:-25   长度:50
Y:-10   宽度:20
Z:0   高度:75

创建完成的几何模型如图4-11所示。

第 4 章　FEM 仿真实例

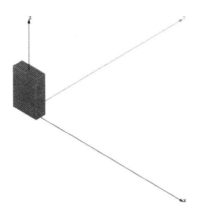

图 4-11　创建完成的几何模型

4.1.3.2　修改长方体

选择创建好的长方体对象"Box1",在"几何"选项卡中单击"旋转"按钮,结果如图 4-12 所示。

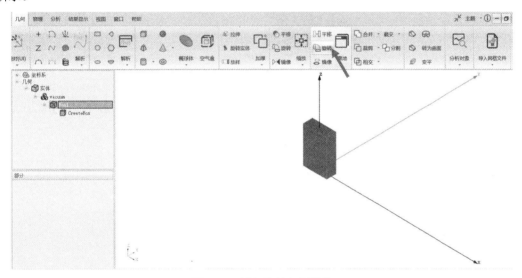

图 4-12　进行旋转复制操作

单击"旋转"按钮之后,在弹出的"旋转复制"对话框中修改旋转复制的参数,如图 4-13 所示。

图 4-13　修改旋转复制的参数 1

坐标轴：X 轴　　　　　　　　　　角度（deg）：90　　　　　　　　　　总数：2

单击"确认"按钮,完成复制,再选择刚复制的对象"Box1_1",按照上述操作进行旋转复

187

制操作，旋转复制参数如图 4-14 所示。

图 4-14　修改旋转复制的参数 2

坐标轴：Z 轴　　　　　　　　　　角度（deg）：90　　　　　　　　总数：3

完成旋转复制的几何模型如图 4-15 所示。

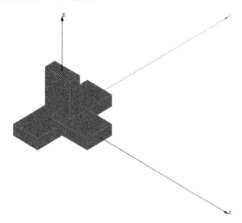

图 4-15　完成旋转复制的几何模型

选择"Box1""Box1_1""Box1_1_1""Box1_1_2"几何对象，在"几何"选项卡中单击"合并"按钮，如图 4-16 所示。

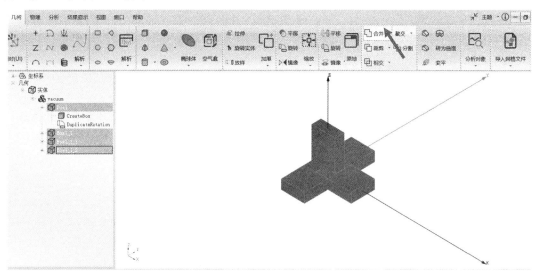

图 4-16　合并几何对象

合并对象之后双击"Box1"，在"几何"对话框中修改透明度为 0.50，如图 4-17 所示。

图 4-17 修改透明度

4.1.4 仿真模型设置

接下来,需要为几何模型设置各种相关的物理特性,包括模型的边界条件、网格参数等。

创建好几何模型后,用户可以为几何模型设置各种端口激励方式和参数。在工程管理树中,Rainbow 系列软件会把这些新增的端口激励添加到工程管理树的"激励端口"目录下。

将选择模式修改为面选模式,如图 4-18 所示。然后选择几何模型的顶面,为其添加波端口,如图 4-19 所示。

图 4-18 修改选择模式为面选模式

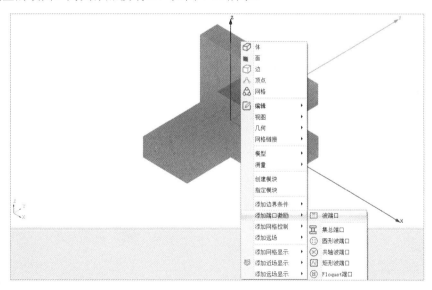

图 4-19 添加波端口 1

在弹出的"波端口激励"对话框中单击"确认"按钮,完成设置,如图 4-20 所示。

接下来,打开"激励端口"目录下的"P1",可以找到刚添加的波端口"1",如图 4-21 所示。

双击刚添加的波端口,弹出"激励积分线"对话框,选择"重置"→"V-"选项,修改积分线,如图 4-22 所示。

图 4-20　确认波端口设置 1　　　　　　　图 4-21　找到刚添加的波端口 1

图 4-22　修改积分线 1

选择几何模型左侧的面，按照同样的方式为其添加波端口，如图 4-23 所示。

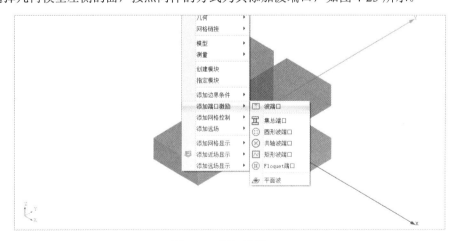

图 4-23　添加波端口 2

在弹出的"波端口激励"对话框中单击"确认"按钮，完成设置，如图 4-24 所示。

接下来，打开"激励端口"目录下的"P2"，可以找到刚添加的波端口，如图 4-25 所示。

图 4-24 确认波端口设置 2

图 4-25 找到刚添加的波端口 2

双击刚添加的波端口,弹出"激励积分线"对话框,选择"重置"→"V-"选项,修改积分线,如图 4-26 所示。

选择几何模型前侧的面,按照同样的方式为其添加波端口,如图 4-27 所示。

图 4-26 修改积分线 2

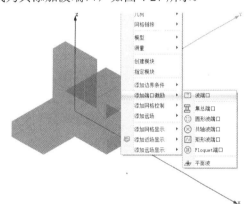
图 4-27 添加波端口 3

在弹出的"波端口激励"对话框中单击"确认"按钮,完成设置,如图 4-28 所示。

图 4-28 确认波端口设置 3

接下来,打开"激励端口"目录下的"P3",可以找到刚添加的波端口,如图 4-29 所示。
双击刚添加的波端口,打开"激励积分线"对话框,选择"重置"→"V-"选项,修改积分线，如图 4-30 所示。

图 4-29　找到刚添加的波端口 3　　　　图 4-30　修改积分线 3

使用 Alt+鼠标左键旋转几何模型，然后选择几何模型右侧的面，按照同样的方式为其添加波端口，如图 4-31 所示。

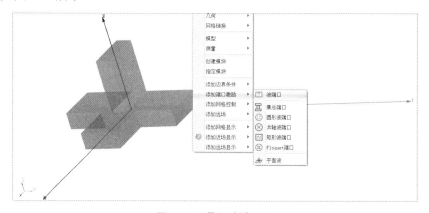

图 4-31　添加波端口 4

在弹出的"波端口激励"对话框中单击"确认"按钮，完成设置，如图 4-32 所示。

图 4-32　确认波端口设置 4

接下来，打开"激励端口"目录下的"P4"，可以找到刚添加的波端口，如图 4-33 所示。

双击刚添加的波端口，打开"激励积分线"对话框，选择"重置"→"V-"选项，修改积分线，如图 4-34 所示。

图 4-33　找到刚添加的波端口 4

图 4-34　修改积分线 4

4.1.5　仿真求解

4.1.5.1　设置仿真求解器

下一步，用户需要设置模型分析求解器所需的仿真频率及其选项，以及可能的频率扫描范围。在工程管理树中，Rainbow 系列软件会把这些新增的求解器参数和频率扫描范围添加到"求解方案"目录下。选择"分析"→"添加求解方案"选项，如图 4-35 所示，然后在如图 4-36 所示的"求解器设置"对话框中修改求解器的参数。

图 4-35　添加求解方案操作

图 4-36　"求解器设置"对话框

频率：4
数据精度：Single Precision
基函数阶数：First Order
每步最大细化单元数目比例：0.3
Maximum Number of Passes：6
最大能量差值(DeltaS)：0.02

4.1.5.2 添加扫频方案

在"求解方案"目录下打开刚添加的 FEM1，然后单击鼠标右键，在弹出的快捷菜单中选择"扫频方案"→"添加扫频方案"选项，如图 4-37 所示，并按照图 4-38 设置扫频方案。

图 4-37　添加扫频方案　　　　　　图 4-38　设置扫频方案

扫描类型：Interpolating　　　　　　选择方法：Linear by number
起始：3.4　　　　　　　　　　　　终止：4
数目：1001

4.1.5.3 求解

完成上述任务后，用户可以选择"分析"→"验证设计"选项，如图 4-39 所示，验证模型设置是否完整。单击"验证设计"按钮后会出现如图 4-40 所示的验证有效性界面。

图 4-39　验证设计操作

如图 4-41 所示，选择"分析"→"求解设计"选项，启动仿真求解器分析模型。用户可以利用任务显示面板查看求解过程，包括进度和其他日志信息，如图 4-42 所示。

第 4 章　FEM 仿真实例

图 4-40　验证仿真模型的有效性

图 4-41　求解设计操作

图 4-42　查看仿真任务进度信息

4.1.6　结果显示

4.1.6.1　近场电流显示

仿真结束后，用户可以查看几何模型上的电流、电场、磁场等的分布与流动情况。在工程管理树中，Rainbow 系列软件会把这些新增的结果显示添加到"场仿真结果"目录下。

首先在"物理"选项卡中单击"切换激励源显示"按钮，如图 4-43 所示。

图 4-43　切换激励源显示操作

在"切换场域激励源"对话框中选择"P1"激励源，如图 4-44 所示。

图 4-44　选择"P1"激励源

195

选择"Box1"对象，然后单击鼠标右键，在弹出的快捷菜单中选择"添加近场显示"→"E 电场模"选项，如图 4-45 所示。

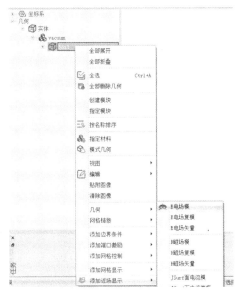

图 4-45　添加 E 电场模

在弹出的"近场显示"对话框中，按照图 4-46 修改参数。

图 4-46　修改近场显示参数

近场电流显示结果如图 4-47 所示。

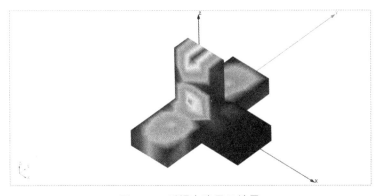

图 4-47　近场电流显示结果

4.1.6.2 S 参数图表显示

仿真结束后，用户可以创建各种形式的视图，包括线图、曲面和极坐标显示、天线辐射图等。在工程管理树中，Rainbow 系列软件会把这些新增的视图显示添加到"结果显示"目录下。选择"结果显示"→"SYZ 参数图表"→"2 维矩形线图"选项，如图 4-48 所示，并在如图 4-49 所示的对话框中输入相应的控制参数，以查看 S 参数结果。

图 4-48 生成 2 维矩形线图操作

图 4-49 设置图表参数

方案：[6]　　　　　　　　　类别：SYZ-Parameter
项：S　　　　　　　　　　　函数：dB20
In：P1:1　　　　　　　　　 Out：All

S 参数图表结果如图 4-50 所示。

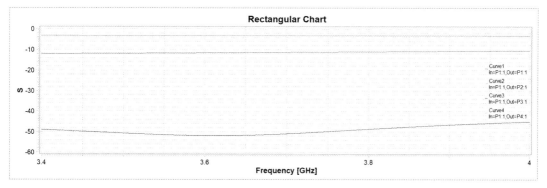

图 4-50 S 参数图表结果

S 参数相位图的设置如图 4-51 所示。

图 4-51 S 参数相位图的设置

方案：[6] 类别：SYZ-Parameter
项：S 函数：PhaseRadCont
In：P1:1 Out：P2:1;P4:1

S 参数相位图结果如图 4-52 所示。

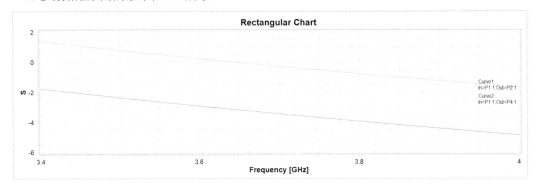

图 4-52 S 参数相位图结果

4.2 FEM 仿真实例——Dipole

4.2.1 问题描述

本例要展示的器件如图 4-53 所示，通过查看远场图表，介绍 Rainbow-FEM3D 模块的具体仿真流程，包括建模、求解、后处理等。本例使用的天线振臂是棱柱体，相较于圆柱来说，棱柱在网格剖分时产生的网格较少，可以加快求解速度。

第 4 章　FEM 仿真实例

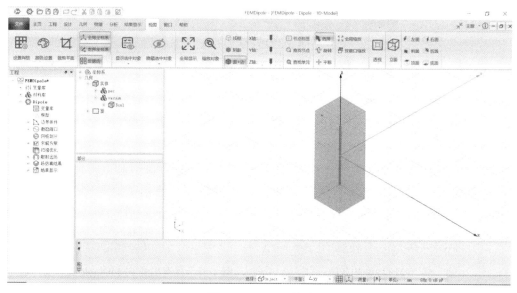

图 4-53　Dipole 模型

4.2.2　系统的启动

4.2.2.1　从开始菜单启动

选择操作系统的"Start"→"Rainbow Simulation Technologies"→"Rainbow Studio"选项，在弹出的"产品选择"对话框中选择产品模块，如图 4-54 所示，启动 Rainbow-FEM3D 模块。

图 4-54　启动 Rainbow-FEM3D 模块 2

4.2.2.2　创建 FEM 文档与设计

如图 4-55 所示，选择"文件"→"新建工程"→"Studio 工程与 FEM（Modal）模型"选项，创建新的文档，其中包含一个默认的 FEM 设计。

在弹出的对话框中修改模型的名称为 Dipole，如图 4-56 所示。

选择"文件"→"保存"选项或按 Ctrl+S 组合键以保存文档，将文档保存为 FEMDipole.rbs 文件。保存后的 FEMDipole 工程管理树如图 4-57 所示。

图 4-55　创建 FEM 文档与设计

图 4-56　修改模型的名称

图 4-57　保存后的 FEMDipole 工程管理树

4.2.3　创建几何模型

用户可以通过"几何"选项卡中的各个选项从零开始创建各种三维几何模型，包括坐标系、点、线、面和体。

4.2.3.1　设置模型视图

如图 4-58 所示，选择"设计"→"长度单位"选项，然后在如图 4-59 所示的"模型长度单位"对话框中修改长度单位为 mm，单击"确认"按钮关闭对话框。

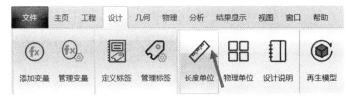

图 4-58　修改长度单位

图 4-59　设置模型长度单位

4.2.3.2　设置变量

选择"工程"→"管理变量"选项，打开"工程变量库"对话框，如图 4-60 所示，单击"增加"按钮，依次添加变量，添加完成后单击"应用"按钮，再单击"确认"按钮即可完成变量的添加操作。

第 4 章　FEM 仿真实例

图 4-60　设置模型变量

变量 1
变量名：freq
表达式：2

变量 2
变量名：lambda
表达式：c0/freq/1e6

4.2.3.3　创建正棱柱几何对象

选择"几何"→"正棱柱体"选项，创建正棱柱体，如图 4-61 所示，用户可以在模型视图窗口中按照图 4-62 和图 4-63 用鼠标创建正棱柱体。

图 4-61　创建正棱柱体

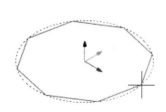

图 4-62　用鼠标拉出正棱柱体的底面　　图 4-63　用鼠标拉出正棱柱体的高度

选择对象的创建命令"CreateRegularPolyhedron"，然后在如图 4-64 所示的"属性"对话框中输入相应的属性参数。

位置
X：0
Y：0

起始点
X：0

Z：2　　　　　　　　　　　　　　　Y：0
坐标轴：Z　　　　　　　　　　　　Z：2.5
高度：lambda/2　　　　　　　　　面数目：8

按照上述方法创建第二个正棱柱体。双击"RegularPolyhedron2"目录下的创建命令"CreateRegularPolyhedron"，修改第二个正棱柱体的参数，如图 4-65 所示。

图 4-64　修改正棱柱体对象的几何尺寸　　　图 4-65　修改第二个正棱柱体的参数

位置　　　　　　　　　　　　　　起始点
X：0　　　　　　　　　　　　　　X：0
Y：0　　　　　　　　　　　　　　Y：0
Z：−2　　　　　　　　　　　　　Z：2.5
坐标轴：Z　　　　　　　　　　　　面数目：8
高度：−lambda/2

4.2.3.4　创建长方形

将平面修改为 YZ 平面，如图 4-66 所示。

此时，所有操作都会在 YZ 平面进行。选择"几何"→"长方形"选项，创建长方形，如图 4-67 所示，然后在如图 4-68 所示的位置绘制长方形的起点，并在如图 4-69 所示的位置绘制长方形的终点。

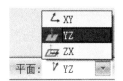

图 4-66　将平面修改为 YZ 平面

图 4-67　创建长方形

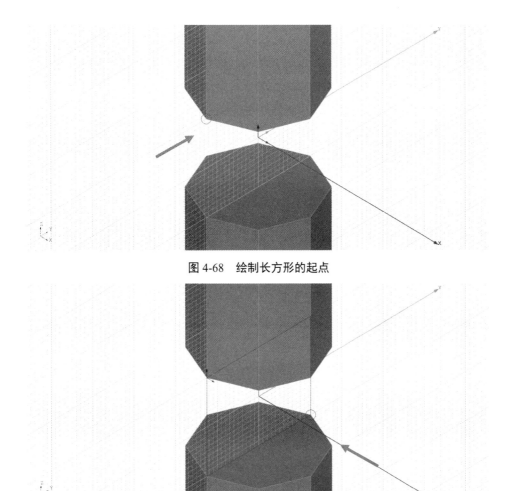

图 4-68　绘制长方形的起点

图 4-69　绘制长方形的终点

创建好的几何模型如图 4-70 所示。

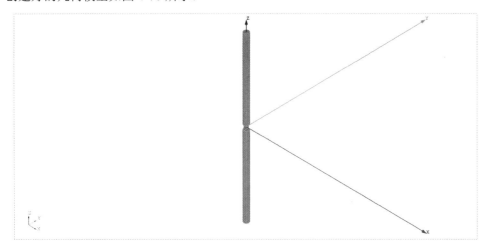

图 4-70　创建好的几何模型

4.2.3.5 创建长方体

选择"几何"→"长方体"选项,创建长方体,如图4-71所示,然后在模型视图窗口中进行如图4-72和图4-73所示的操作,用鼠标创建长方体。

图4-71 创建长方体

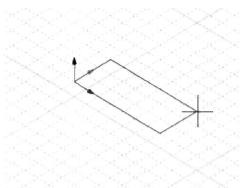

图4-72 用鼠标拉出长方体的底面

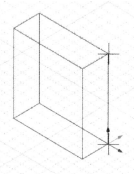

图4-73 用鼠标拉出长方体的高度

双击创建命令"CreateBox",可以在"属性"对话框中修改长方体的属性,如图4-74所示。

图4-74 修改长方体的属性

X:-lambda/4-2.5　　　　　　　　　　长度:lambda/2+5

Y:-lambda/4-2.5　　　　　　　　　　宽度:lambda/2+5

Z:-3*lambda/4-2　　　　　　　　　　高度:3*lambda/2+8

双击长方体对象"Box1",修改其透明度为 0.7,如图 4-75 所示。

图 4-75 修改长方体的透明度

修改完成的几何模型如图 4-76 所示。

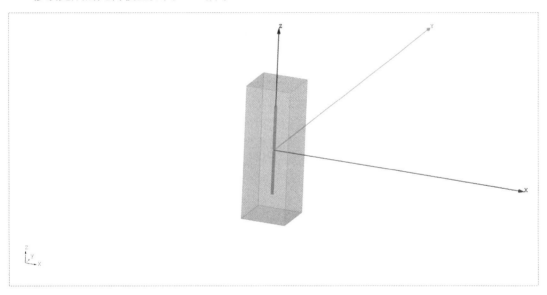

图 4-76 修改完成的几何模型

4.2.4 仿真模型设置

接下来,需要为几何模型设置各种相关的物理特性,包括模型的边界条件、网格参数等。

4.2.4.1 设置边界条件

创建几何模型后,用户可以为几何模型设置边界条件。在工程管理树中,Rainbow 系列软件会把这些新增的边界条件添加到"边界条件"目录下。选择创建的长方体对象"Box1",选择"添加边界条件"→"理想辐射边界"选项,如图 4-77 所示。

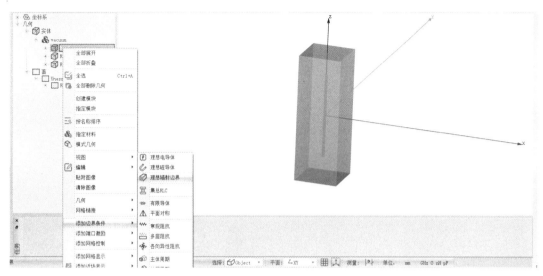

图 4-77　添加理想辐射边界

4.2.4.2　添加端口激励

创建几何模型后，用户可以为几何模型设置各种端口激励方式和参数。在工程管理树中，Rainbow 系列软件会把这些新增的端口激励添加到"激励端口"目录下。

选择创建的长方形对象"Rectangle1"，然后单击鼠标右键，在弹出的快捷菜单中选择"添加端口激励"→"集总端口"选项，为其添加集总端口，如图 4-78 所示。

在弹出的"集总激励端口"对话框中单击"确认"按钮，完成设置，如图 4-79 所示。

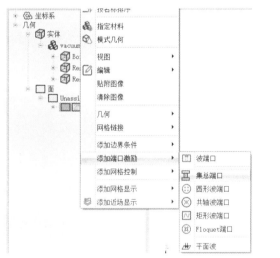

图 4-78　添加集总端口

图 4-79　确认集总端口设置

4.2.4.3　修改几何材料

双击正棱柱体对象"RegularPolyhedron1"和"RegularPolyhedron2"，然后在"几何"对话框中修改其材料为 pec，如图 4-80 所示。

第 4 章　FEM 仿真实例

图 4-80　修改正棱柱体的材料为 pec

4.2.4.4　添加网格剖分控制参数

几何模型创建好后，用户需要为几何模型及其某些关键结构设置各种全局和局部网格剖分控制参数。在工程管理树中，Rainbow 系列软件会把这些新增的结果显示添加到"网格剖分"目录下。

选择"网格剖分"→"初始网格"选项，设置如图 4-81 所示的初始网格控制参数。

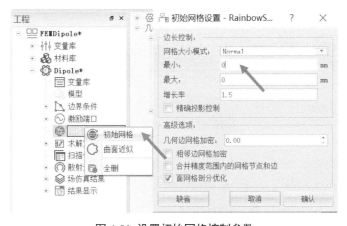

图 4-81　设置初始网格控制参数

网格大小模式：Normal

其他选项保持默认设置。

4.2.5　仿真求解

4.2.5.1　设置仿真求解器

下一步，用户需要设置模型分析求解器所需的仿真频率及其选项，以及可能的频率扫描范围。在工程管理树中，Rainbow 系列软件会把这些新增的求解器参数和频率扫描范围添加到"求解方案"目录下。选择"分析"→"添加求解方案"选项，如图 4-82 所示，并在如图 4-83 所示的"求解器设置"对话框中修改求解器的参数。

图 4-82 添加求解方案操作

图 4-83 设置求解器

频率：freq
每步最大细化单元数目比例：0.3
Maximum Number of Passes：20
最大能量差值(Deltas)：0.015

4.2.5.2 添加远场

选择工程管理树中的"散射远场"目录并单击鼠标右键，然后在弹出的快捷菜单中选择"球面"选项，并在如图 4-84 所示的对话框中输入相应的控制参数，以添加模型的远场观察球。

图 4-84 远场观察球设置

Phi
起点：0

Theta
起点：0

终点：360　　　　　　　　　　　　　终点：180

步幅：1　　　　　　　　　　　　　　步幅：1

4.2.5.3　添加扫频方案

在"求解方案"目录下找到刚添加的"FEM1"，然后单击鼠标右键，在弹出的快捷菜单中选择"扫频方案"→"添加扫频方案"选项，如图 4-85 所示，并按照图 4-86 设置扫频方案。

图 4-85　添加扫频方案

图 4-86　设置扫频方案

扫描类型：Interpolating　　　　　　起始：0.1

终止：2　　　　　　　　　　　　　　数目：101

4.2.5.4　求解

完成上述任务后，用户可以选择"分析"→"验证设计"选项，如图 4-87 所示，验证模型设置是否完整。单击"验证设计"按钮后会出现如图 4-88 所示的验证有效性界面。

图 4-87　验证设计操作

图 4-88　验证仿真模型的有效性

下一步,选择"分析"→"求解设计"选项,启动仿真求解器分析模型,如图 4-89 所示。用户可以利用任务显示面板查看求解过程,包括进度和其他日志信息,如图 4-90 所示。

图 4-89　求解设计操作

图 4-90　查看仿真任务进度信息

4.2.6　结果显示

4.2.6.1　S 参数图表显示

仿真结束后,用户可以创建各种形式的视图,包括线图、曲面和极坐标显示、天线辐射图等。在工程管理树中,Rainbow 系列软件会把这些新增的视图显示添加到"结果显示"目录下。选择"结果显示"→"SYZ 参数图表"→"2 维矩形线图"选项,如图 4-91 所示,并在如图 4-92 所示的对话框中输入相应的控制参数,以查看远场结果。

图 4-91　生成远场曲线

图 4-92　设置图表参数

方案：[7]　　　　　　　　　　　类别：SYZ-Parameter
项：S　　　　　　　　　　　　 函数：dB20
In：All　　　　　　　　　　　 Out：All

S参数图表结果如图4-93所示。

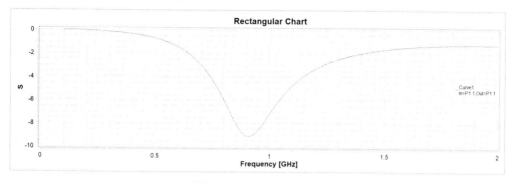

图4-93　S参数图表结果

4.2.6.2　3维极坐标曲面图显示

选择"结果显示"目录并单击鼠标右键，然后在弹出的快捷菜单中选择"远场图表"→"3维极坐标曲面图"选项，如图4-94所示，并在如图4-95所示的对话框中输入相应的控制参数。

图4-94　添加3维极坐标曲面图

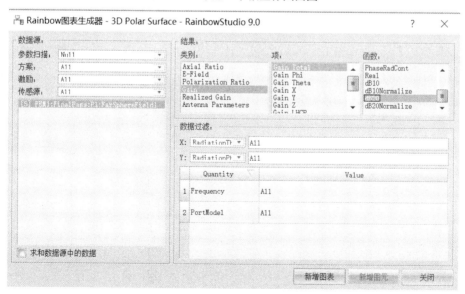

图4-95　3维极坐标曲面图设置

方案：[5]　　　　　　　　　　　　　　　类别：Gain
项：Gain Total　　　　　　　　　　　　函数：dB20

3 维极坐标曲面图的显示结果如图 4-96 所示。

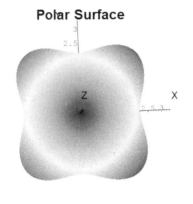

图 4-96　3 维极坐标曲面图的显示结果

 4.3　FEM 仿真实例——低通滤波器

4.3.1　问题描述

本例要分析的器件如图 4-97 所示，通过查看远场结果，介绍 Rainbow-FEM3D 模块的具体仿真流程，包括建模、求解、后处理等。

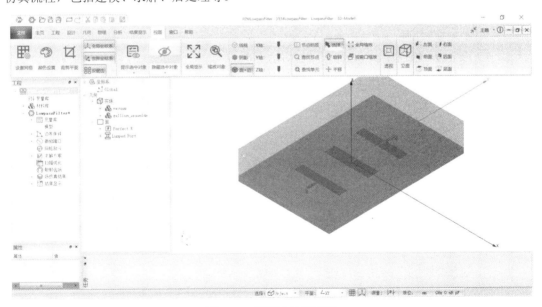

图 4-97　低通滤波器模型

4.3.2 系统的启动

4.3.2.1 从开始菜单启动

选择操作系统的"Start"→"Rainbow Simulation Technologies"→"Rainbow Studio"选项，在弹出的"产品选择"对话框中选择产品模块，如图 4-98 所示，启动 Rainbow-FEM3D 模块。

图 4-98　启动 Rainbow-FEM3D 模块

4.3.2.2 创建 FEM 文档与设计

如图 4-99 所示，选择"文件"→"新建工程"→"Studio 工程与 FEM（Modal）模型"选项，创建新的文档，其中包含一个默认的 FEM 设计。

图 4-99　创建 FEM 文档与设计

如图 4-100 所示，在左边的工程管理树中选择 FEM 设计树节点并单击鼠标右键，然后在弹出的快捷菜单中选择"模型改名"选项，把设计的名称修改为 LowpassFilter。

图 4-100　修改设计名称

选择"文件"→"保存"选项或按 Ctrl+S 组合键以保存文档,将文档保存为 FEMLowpassFilter.rbs 文件。保存后的 FEMLowpassFilter 工程管理树如图 4-101 所示。

图 4-101 保存后的 FEMLowpassFilter 工程管理树

4.3.3 创建几何模型

4.3.3.1 添加变量

在工程管理树中选择"变量库"目录,然后选择"工程"→"管理变量"选项,如图 4-102 所示,打开变量编辑窗口。

图 4-102 打开变量编辑窗口

在"工程变量库"对话框中单击"增加"按钮,可以新建变量,如图 4-103 所示,按照表 4-1 中的内容依次添加新变量。

图 4-103 新建变量

第 4 章 FEM 仿真实例

表 4-1 添加新变量

变 量 名	表 达 式
width1	0.4
width2	0.5
length	2
gap	0.9
feed	0.43
gapwidth	0.03
feedwidth	0.143
thickness	0.2

4.3.3.2 创建材料

在工程管理树中选择"材料库"目录，然后单击鼠标右键，在弹出的快捷菜单中选择"添加材料"→"常规"选项，如图 4-104 所示，弹出"常规材料"对话框。

在"常规材料"对话框中创建新的材料 gallium_arsenide，然后按照图 4-105 设置参数。

图 4-104 打开材料管理库

图 4-105 "常规材料"对话框

名称：gallium_arsenide

Relative Permittivity：12.9   Relative Permeability：1
Magnetic LossTangent：0   Dielectric LossTangent：0
Bulk Conductivity：0   测量频率：9.40

4.3.3.3 创建长方形

选择"几何"→"长方形"选项，在模型视图中的任意位置创建长方形对象，如图 4-106 所示。

接下来，双击长方形创建命令"CreateRectangle"，然后在"几何"对话框中修改长方形 1 的参数，如图 4-107 所示。

位置   坐标轴：Z
X：-0.5*length   长度：length

Y：-0.5*width2　　　　　　　　宽度：width2

Z：0

按照上述方式创建长方形 2，结果如图 4-108 所示。

位置　　　　　　　　　　　　坐标轴：Z

X：-0.5*length　　　　　　　长度：length

Y：0.5*width2+gap　　　　　宽度：width1

Z：0

按照上述方式创建长方形 3，结果如图 4-109 所示。

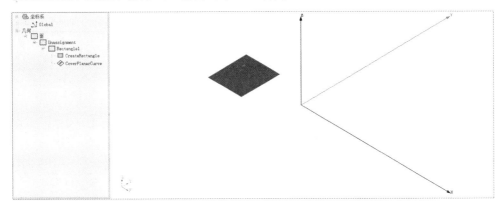

图 4-106　创建长方形对象

图 4-107　修改长方形 1 的参数　　图 4-108　修改长方形 2 的参数　　图 4-109　修改长方形 3 的参数

位置　　　　　　　　　　　　坐标轴：Z

X：-0.5*length　　　　　　　长度：length

Y：-0.5*width2-gap　　　　　宽度：-width1

Z：0

接下来，创建 Gap1 对象，在任意位置创建长方形后，修改其名称为 Gap1，如图 4-110 所示，并按照图 4-111 修改 Gap1 的参数。

图 4-110 修改长方形 4 的名称为 Gap1

图 4-111 修改 Gap1 的参数

位置

X：-0.5*gapwidth

Y：0.5*width2

Z：0

坐标轴：Z

长度：gapwidth

宽度：gap

下一步，创建 Gap2 对象，先创建一个长方形，然后将其名称修改为 Gap2，如图 4-112 所示，再按照图 4-113 修改 Gap2 的参数。

图 4-112 修改长方形 5 的名称为 Gap2

图 4-113 修改 Gap2 的参数

位置

X：-0.5*gapwidth

Y：-0.5*width2

Z：0

坐标轴：Z

长度：gapwidth

宽度：-gap

接下来，创建 Feed1 对象，创建长方形对象后，修改其名称为 Feed1，如图 4-114 所示，然后按照图 4-115 修改 Feed1 的参数。

图 4-114 修改长方形 6 的名称为 Feed1

图 4-115 修改 Feed1 的参数

位置

X：-0.5*feedwidth

Y：0.5 * width2 + gap + width1

Z：0

坐标轴：Z

长度：feedwidth

宽度：feed

下一步，创建 Feed2 对象，创建长方形对象后，修改其名称为 Feed2，如图 4-116 所示，然后按照图 4-117 修改 Feed2 的参数。

图 4-116 修改长方形 7 的名称为 Feed2

图 4-117 修改 Feed2 的参数

位置

X：-0.5*feedwidth

Y：-0.5 * width2 - gap - width1

Z：0

坐标轴：Z

长度：feedwidth

宽度：-feed

创建完成的几何模型如图 4-118 所示。

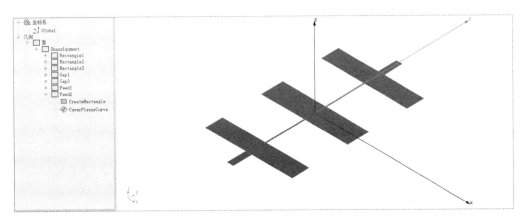

图 4-118　创建完成的几何模型

选择"Rectangle1""Rectangle2""Rectangle3""Gap1""Gap2""Feed1""Feed2"对象，然后单击鼠标右键，在弹出的快捷菜单中选择"几何"→"布尔"→"合并"选项，如图 4-119 所示。

接下来，在模型视图中的任意位置创建长方体对象，并修改其名称为 AirBox，修改其透明度为 0.70，如图 4-120 所示，之后按照图 4-121 修改 AirBox 的参数。

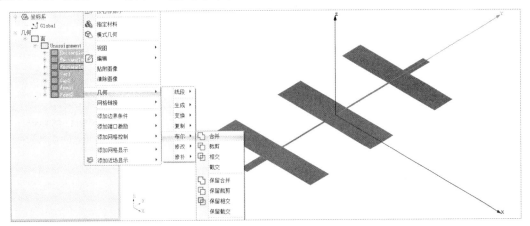

图 4-119　合并几何模型

图 4-120　修改长方体 1 的名称及透明度

图 4-121　修改 AirBox 的参数

位置

X：-2　　　　　　　　　　　　　长度：4

Y：-3　　　　　　　　　　　　　宽度：6

Z：-thickness　　　　　　　　　高度：1+thickness

下一步，创建 SubStrate 对象，首先创建一个长方体，然后修改其名称为 SubStrate，修改其材料为 gallium_arsenide，如图 4-122 所示，然后按照图 4-123 修改 SubStrate 的参数。

位置

X：-2　　　　　　　　　　　　　长度：4

Y：-3　　　　　　　　　　　　　宽度：6

Z：0　　　　　　　　　　　　　高度：-thickness

图 4-122　修改长方体 2 的名称和材料

图 4-123　修改 SubStrate 的参数

4.3.4　仿真模型设置

4.3.4.1　添加端口激励

首先需要为仿真模型添加端口激励：创建一个长方形，将其名称修改为 Port1，如图 4-124 所示，并按照图 4-125 修改 Port1 的参数。

图 4-124　修改长方形 8 的名称为 Port1

图 4-125　修改 Port1 的参数

位置：

X：-0.5 * feedwidth

Y：-0.5 * width2 - gap - width1 - feed

Z：0

坐标轴：Y

长度：-thickness

宽度：feedwidth

创建 Port2 对象，同样先创建一个长方形对象，并修改其名称为 Port2，如图 4-126 所示，再按照图 4-127 修改 Port2 的参数。

位置

X：-0.5 * feedwidth

Y：0.5 * width2 + gap + width1 + feed

Z：0

坐标轴：Y

长度：-thickness

宽度：feedwidth

图 4-126　修改长方形 9 的名称为 Port2

图 4-127　修改 Port2 的参数

选择 Port1 对象，然后单击鼠标右键，在弹出的快捷菜单中选择"添加端口激励"→"集总端口"选项，如图 4-128 所示。

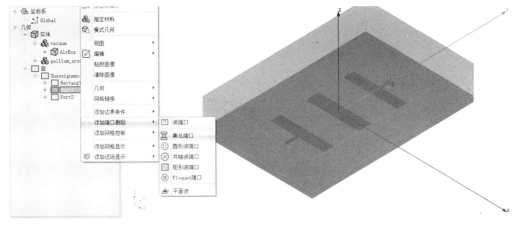

图 4-128　为 Port1 添加集总端口

按照同样的方法，选择"Port2"对象并单击鼠标右键，然后在弹出的快捷菜单中选择"添加端口激励"→"集总端口"选项，如图 4-129 所示。

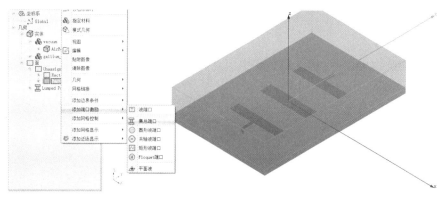

图 4-129　为 Port2 添加集总端口

4.3.4.2　添加边界条件

选择"Rectangle1"对象，然后单击鼠标右键，在弹出的快捷菜单中选择"添加边界条件"→"理想电导体"选项，如图 4-130 所示。

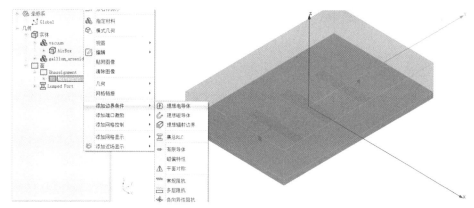

图 4-130　为长方形 1 添加理想电导体边界

选择"AirBox"对象，然后单击鼠标右键，在弹出的快捷菜单中选择"添加边界条件"→"理想辐射边界"选项，如图 4-131 所示。

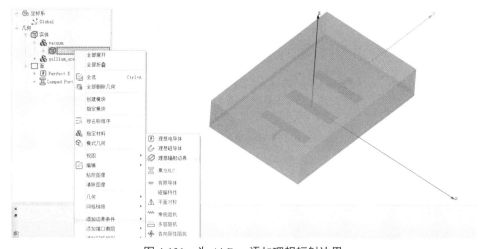

图 4-131　为 AirBox 添加理想辐射边界

选中"AirBox"对象，然后选择"视图"→"隐藏选中对象"选项，如图 4-132 所示，将 AirBox 对象隐藏。

图 4-132　隐藏 AirBox 对象

右击模型视图中的任意位置，然后在弹出的快捷菜单中选择"面"选项，将选择模式修改为面选模式，如图 4-133 所示。

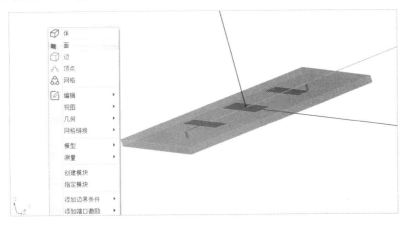

图 4-133　将选择模式修改为面选模式

使用 Alt+鼠标左键的方式旋转几何模型，选择模型视图的底面，将其设置为理想电导体边界，如图 4-134 所示。

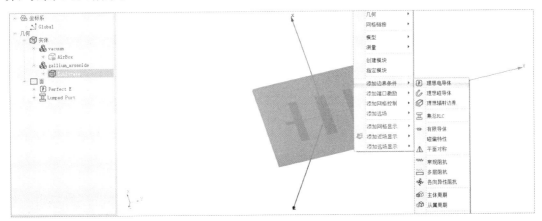

图 4-134　将底面设置为理想电导体边界

4.3.5 仿真求解

4.3.5.1 设置仿真求解器

下一步，用户需要设置求解器的仿真频率及其选项，以及可能的频率扫描范围。在工程管理树中，Rainbow 系列软件会把这些新增的求解器参数和频率扫描范围添加到"求解方案"目录下。选择"分析"→"添加求解方案"选项，如图 4-135 所示，并在如图 4-136 所示的"求解器设置"对话框中修改求解器的参数。

图 4-135 添加求解方案操作

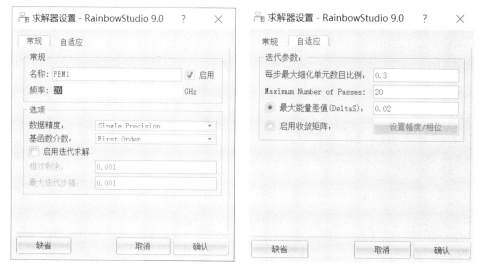

图 4-136 "求解器设置"对话框

频率：20
数据精度：Single Precision
基函数阶数：First Order
每步最大细化单元数目比例：0.3
Maximum Number of Passes：20
最大能量差值(DeltaS)：0.02

4.3.5.2 添加扫频方案

在"求解方案"目录下找到刚添加的"FEM1"，然后单击鼠标右键，在弹出的快捷菜单中选择"扫频方案"→"添加扫频方案"选项，如图 4-137 所示，并按照图 4-138 设置扫频方案。

图 4-137 添加扫频方案

图 4-138 设置扫频方案

扫描类型：Interpolating

起 始：0.1

步 幅：0.05

选择方法：Linear by Step

终 止：20

4.3.5.3 求解

完成上述任务后，用户可以选择"分析"→"验证设计"选项，如图 4-139 所示，以验证模型设置是否完整。单击"验证设计"按钮后会出现如图 4-140 所示的验证有效性界面。

图 4-139 验证设计操作

图 4-140 验证仿真模型的有效性

下一步，选择"分析"→"求解设计"选项，启动仿真求解器分析模型，如图 4-141 所示。用户可以利用任务显示面板查看求解过程，包括进度和其他日志信息，如图 4-142 所示。

图 4-141 求解设计操作

图 4-142 查看仿真任务进度信息

4.3.6 结果显示

仿真结束后，用户可以创建各种形式的视图，包括线图、曲面和极坐标显示、天线辐射图等。在工程管理树中，Rainbow 系列软件会把这些新增的视图显示添加到"结果显示"目录下。选择"结果显示"→"SYZ 参数图表"→"2 维矩形线图"选项，如图 4-143 所示，并在如图 4-144 所示的对话框中输入相应的控制参数来添加结果。

图 4-143 打开 2 维矩形线图

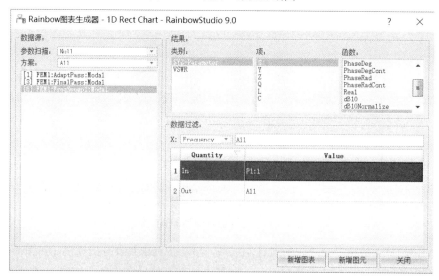

图 4-144 设置 2 维矩形线图参数

方案：[6]　　　　　　　　　　类别：SYZ-Parameter
项：S　　　　　　　　　　　函数：dB20
In：P1:1　　　　　　　　　　Out：All

S 参数图表结果如图 4-145 所示。

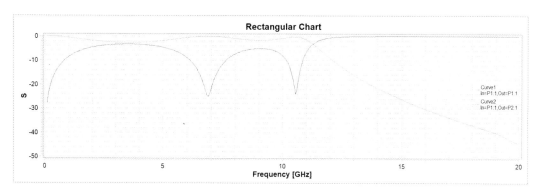

图 4-145　S 参数图表结果

在相同的条件下，ANSYS 的仿真结果如图 4-146 所示。

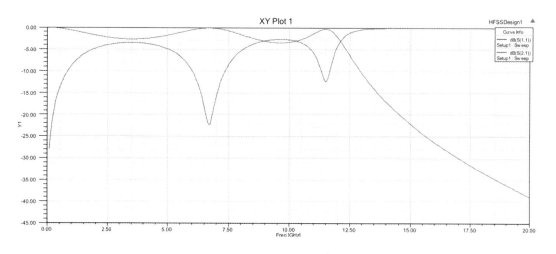

图 4-146　ANSYS 的仿真结果

4.4　天线仿真实例——八木天线

4.4.1　问题描述

这个例子用来展示如何用 Rainbow-FEM3D 模块对如图 4-147 所示的八木天线进行建模和仿真。

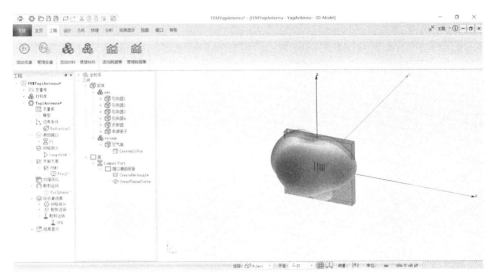

图 4-147　八木天线模型

4.4.2　系统的启动

4.4.2.1　从开始菜单启动

选择操作系统的"Start"→"Rainbow Simulation Technologies"→"Rainbow Studio"选项，在弹出的"产品选择"对话框中选择产品模块，启动 Rainbow-FEM3D 模块，如图 4-148 所示。

图 4-148　启动 Rainbow-FEM3D 模块

4.4.2.2　创建 FEM 文档与设计

如图 4-149 所示，选择"文件"→"新建工程"→"Studio 工程与 FEM（Modal）模型"选项，创建新的文档，其中包含一个默认的 FEM 设计。

如图 4-150 所示，在左边的工程管理树中选择 FEM 设计树节点并单击鼠标右键，然后在弹出的快捷菜单中选择"模型改名"选项，把设计的名称修改为 YagiAntenna。

选择"文件"→"保存"选项或按 Ctrl+S 组合键以保存文档，将文档保存为 FEMYagiAntenna.rbs

文件。保存后的FEMYagiAntenna工程管理树如图4-151所示。

图4-149 创建FEM文档与设计

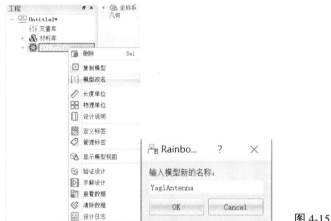

图4-150 修改设计名称

图4-151 保存后的FEMYagiAntenna工程管理树

4.4.3 创建几何模型

4.4.3.1 设置模型视图

如图4-152所示，选择"设计"→"长度单位"选项，修改设计的长度单位为mm，如图4-153所示，然后单击"确认"按钮关闭对话框。

图4-152 修改长度单位操作

图4-153 设置模型长度单位

4.4.3.2 设置变量

为设计添加全局变量。选择"YagiAntenna"目录并单击鼠标右键,在弹出的快捷菜单中选择"管理变量"选项,打开"工程变量库"对话框,单击"增加"按钮添加变量,如图 4-154 所示。

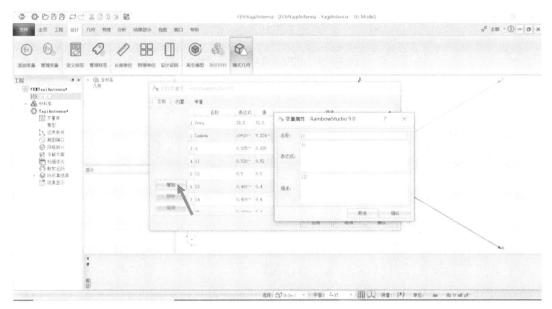

图 4-154 设置模型变量

按照上述方法依次添加表 4-2 中的变量。

表 4-2 添加变量

变 量 名	表 达 式	描 述
freq	32.5	Frequency
lamb	c0*1000/freq/1e9	lambda
d	0.025	length
l1	0.52	l1
l2	0.5	l2
l3	0.4	l3
l4	0.4	l4
l5	0.4	l5
l6	0.4	l6
ll	10	ll
r	0.003369	r
s1	0.16	s1
s2	0.11	s2
s3	0.1	s3
s4	0.1	s4
s5	0.1	s5

4.4.3.3 创建天线几何对象

（1）创建引向器圆柱体。

选择"几何"→"圆柱体"选项，创建引向器圆柱体，如图 4-155 所示，用户可以在模型视图窗口中按照图 4-156 和图 4-157 用鼠标创建圆柱体。

图 4-155　创建引向器圆柱体

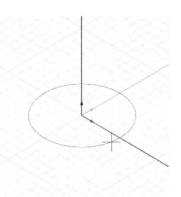

图 4-156　用鼠标拉出圆柱体的半径

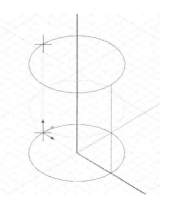

图 4-157　用鼠标拉出圆柱体的高度

选择创建的圆柱体对象"Cylinder1"，用户可以在如图 4-158 所示的"几何"对话框中修改几何模型的名称、材料、透明度等属性。

图 4-158　修改引向器 1 圆柱体对象的名称

选择对象的创建命令"CreateCylinder"，用户可以在如图 4-159 所示的"属性"对话框中输入相应的命令属性参数。

图 4-159 修改引向器 1 圆柱体对象的几何尺寸

X：s2*11   坐标轴：Z
Y：0   半径：r*11
Z：-13/2*11   高度：13*11

在模型视图中滚动鼠标滚轮来放大/缩小模型视图。使用同样的方式创建引向器 2、引向器 3 和引向器 4 圆柱体对象，引向器 2 的参数设置如图 4-160 所示，引向器 3 的参数设置如图 4-161 所示，引向器 4 的参数设置如图 4-162 所示。

引向器 2

X：s2*11+s3*11   坐标轴：Z
Y：0   半径：r*11
Z：-14/2*11   高度：14*11

图 4-160 引向器 2 的参数设置　　图 4-161 引向器 3 的参数设置　　图 4-162 引向器 4 的参数设置

引向器 3

X：s2*l1+s3*l1+s4*l1   坐标轴：Z

Y：0   半径：r*l1

Z：-15/2*l1   高度：15*l1

引向器 4

X：s2*l1+s3*l1+s4*l1+s5*l1   坐标轴：Z

Y：0   半径：r*l1

Z：-16/2*l1   高度：16*l1

（2）创建反射器圆柱体。

使用同样的方式创建反射器圆柱体对象并修改信息，如图 4-163 所示。

X：-s1*l1   坐标轴：Z

Y：0   半径：r*l1

Z：-l1/2*l1   高度：l1*l1

（3）创建有源振子圆柱体。

使用同样的方式创建有源振子圆柱体对象并修改信息，如图 4-164 所示。

X：0   坐标轴：Z

Y：0   半径：r*l1

Z：-l2/2*l1   高度：l2*l1

图 4-163 修改反射器圆柱体对象的几何尺寸   图 4-164 修改有源振子圆柱体对象的几何尺寸

接下来，需要用长方体裁剪有源振子圆柱体，以得到所需的有源振子圆柱体几何模型。选择"几何"→"长方体"选项，创建矩面切除对象，如图 4-165 所示，用户可以在模型视图窗口中按照图 4-166 和图 4-167 用鼠标创建长方体。

图 4-165　创建矩面切除对象

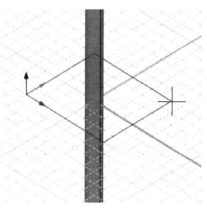

图 4-166　用鼠标拉出长方体的平面

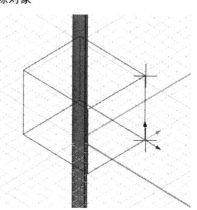

图 4-167　用鼠标拉出长方体的高度

选择创建的长方体对象"Box1",用户可以在如图 4-168 所示的"几何"对话框中输入相应的属性参数。

选择对象的创建命令"CreateBox",用户可以在如图 4-169 所示的"属性"对话框中修改相应的命令属性参数。

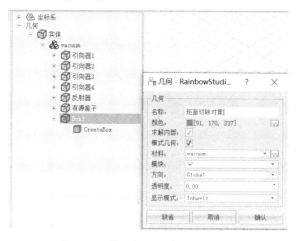

图 4-168　修改矩面切除对象的名称

图 4-169　修改矩面切除对象的几何尺寸

X：-5*r*11

Y：-5*r*11

Z：-d/2*11

长度：10*r*11

宽度：10*r*11

高度：d*11

如图 4-170 所示,在几何树中依次选择创建的"有源振子"和"矩面切除对象",然后选择"几何"→"裁剪"选项,执行裁剪操作。

裁剪后经放大的有源振子如图 4-171 所示。

第 4 章　FEM 仿真实例

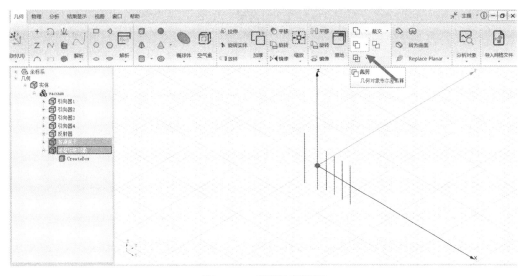

图 4-170　裁剪有源振子

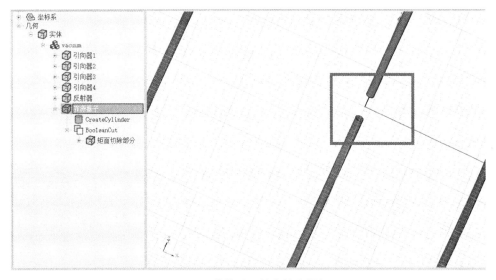

图 4-171　裁剪后经放大的有源振子

（4）创建端口激励长方形。

选择"几何"→"长方形"选项，创建长方形，如图 4-172 所示，然后在如图 4-173 所示的视图中创建长方形。

选择创建的长方形"Rectangle1"，用户可以在如图 4-174 所示的"几何"对话框中修改相应的属性参数。

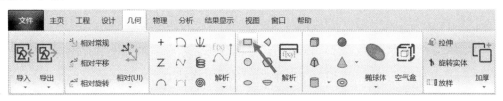

图 4-172　创建长方形

235

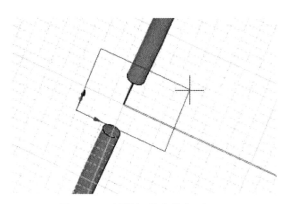

图 4-173 用鼠标拉出长方形平面

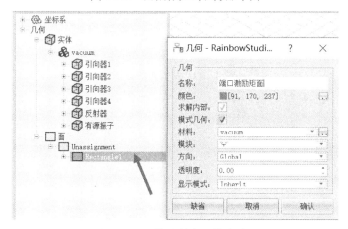

图 4-174 修改长方形的名称

选择对象的创建命令"CreateRectangle",用户可以在如图 4-175 所示的"属性"对话框中修改相应的命令属性参数。

图 4-175 修改长方形的几何尺寸

X：-r*11　　　　　　　　　　　　　　　坐标轴：Y

Y：0 　　　　　　　　　　　　长度：d*11

Z：-d/2*11 　　　　　　　　　　宽度：r*11*2

（5）创建长方形空气盒。

选择"几何"→"空气盒"选项，创建空气盒对象，如图4-176所示，用户可以在模型视图窗口中按照如图4-177所示的操作创建空气盒。

图4-176　创建空气盒对象操作

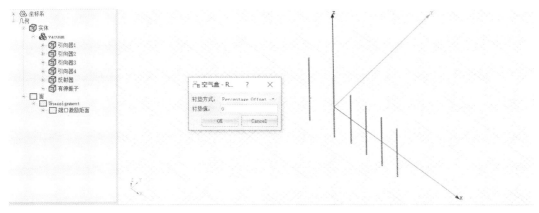

图4-177　创建空气盒

双击创建好的空气盒对象"AirBox1"，将其名称修改为空气盒，如图4-178所示。

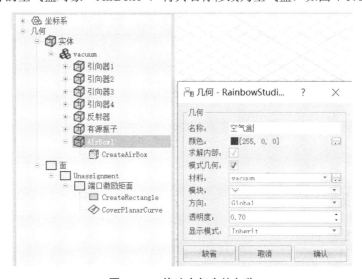

图4-178　修改空气盒的名称

双击空气盒创建命令"CreateAirBox"，然后在如图4-179所示的"空气盒"对话框中修改相应的属性参数。创建好的空气盒模型如图 4-180 所示。

图 4-179　修改空气盒对象的属性参数

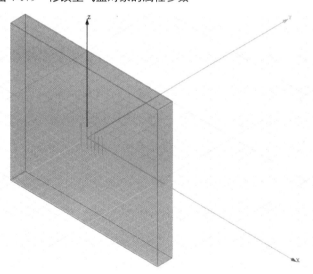

图 4-180　创建好的空气盒模型

4.4.4　仿真模型设置

4.4.4.1　设置材料

创建几何模型后，用户可以为几何模型设置各种材料。如图 4-181 所示，在几何树中分别选择创建的"引向器 1""引向器 2""引向器 3""引向器 4""有源振子""反射器"几何对象，在"几何"对话框中设置其材料为 pec。

第 4 章 FEM 仿真实例

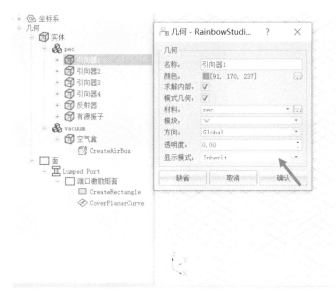

图 4-181　指定几何体的材料为 pec

4.4.4.2　设置边界条件

如图 4-182 所示，在几何树中选择创建的"空气盒"几何对象，然后单击鼠标右键，在弹出的快捷菜单中选择"添加边界条件"→"理想辐射边界"选项，指定空气盒几何对象为理想辐射边界。

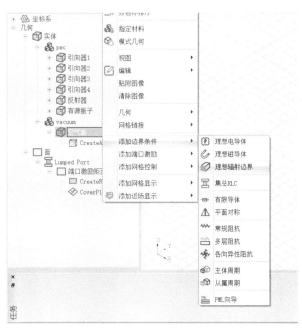

图 4-182　指定空气盒几何对象为理想辐射边界

在工程管理树中选择新添加的理想辐射边界，几何模型视图窗口会以高亮的形式显示，如图 4-183 所示。

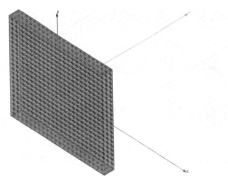

图 4-183　空气盒几何对象的理想辐射边界设置

4.4.4.3　设置激励

选择"端口激励矩面几何对象"目录，然后单击鼠标右键，在弹出的快捷菜单中选择"添加端口激励"→"集总端口"选项，如图 4-184 所示，并在如图 4-185 所示的对话框中设置集总端口的名称。

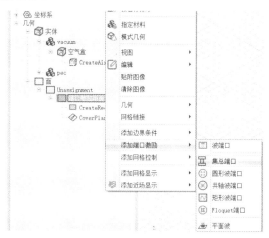

图 4-184　添加集总端口

图 4-185　设置集总端口的名称

创建好的集总端口会保存在工程管理树的"激励端口"目录下，单击"+"号打开"激励端口"目录，双击集总端口 P1 下的"1"，如图 4-186 所示，然后在"激励积分线"对话框中修改阻抗参数，如图 4-187 所示。

图 4-186　打开集总端口

图 4-187　修改阻抗参数

4.4.4.4 设置网格剖分控制参数

几何模型创建好后,用户需要为几何模型及其某些关键结构设置各种全局和局部网格剖分控制参数。按住 Ctrl 键,依次选中所有模型,然后选择"物理"→"边"选项,如图 4-188 所示,然后在如图 4-189 所示的"几何边线网格长度控制"对话框中修改参数。

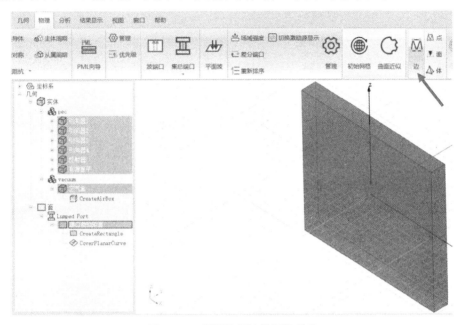

图 4-188 设置几何边线网格长度

图 4-189 "几何边线网格长度控制"对话框

边长:0.02*lamb

4.4.5 仿真求解

4.4.5.1 设置仿真求解器

下一步,用户需要设置模型分析求解器所需的仿真频率及其选项,以及可能的频率扫描范围。选择"分析"→"添加求解方案"选项,添加如图 4-190 所示的仿真求解器。

在工程管理树的"求解方案"目录中选择新添加的求解方案,然后单击鼠标右键,在弹出的快捷菜单中选择"扫频方案"→"添加扫频方案"选项,如图 4-191 所示,并按照如图 4-192 所示的内容设置扫频方案。

图 4-190 添加 FEM 仿真求解器

图 4-191 添加扫频方案

图 4-192 设置扫频方案

扫描类型：Interpolating
终止：32.5

起始：12.5
数目：401

4.4.5.2 求解

完成上述任务后，用户可以选择"分析"→"验证设计"选项，验证模型设置是否完整，如图 4-193 所示。

图 4-193 验证仿真模型的有效性

下一步,选择"分析"→"求解设计"选项,启动仿真求解器分析模型。用户可以利用任务显示面板查看求解过程,包括进度和其他日志信息,如图 4-194 所示。

图 4-194　查看仿真任务进度信息

4.4.6　结果显示

仿真分析结束后,用户可以查看模型仿真分析的各个结果,包括仿真分析所用的网格剖分、模型几何结构上的近场和远场显示等。

4.4.6.1　设置在线仿真后场计算功能

为避免频繁调用计算模块来实时显示仿真结果,系统会关闭在线仿真后场计算功能。执行"主页"→"选项"命令,弹出"选项"对话框,勾选"启用在线仿真后场计算"复选框,打开在线仿真后场计算功能,如图 4-195 所示。

图 4-195　打开在线仿真后场计算功能

4.4.6.2　网格显示

在模型视图或几何树中选择创建的"引向器 1""引向器 2""引向器 3""引向器 4""有源振子""反射器"几何对象,然后单击鼠标右键,在弹出的快捷菜单中选择"添加网格显示"→"网格"选项,如图 4-196 所示,接着在弹出的对话框中输入相应的控制参数以查看几何对象的网格剖分情况。

设置完成后,经放大的所选几何对象的网格剖分情况如图 4-197 所示。

图 4-196　查看几何对象的网格剖分情况

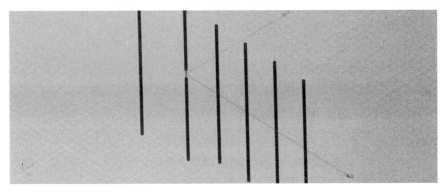

图 4-197　经放大的所选几何对象的网格剖分情况

4.4.6.3　近场结果显示

在模型视图或几何树中选择创建的"引向器 1""引向器 2""引向器 3""引向器 4""有源振子""反射器"几何对象，然后单击鼠标右键，在弹出的快捷菜单中选择"添加近场显示"→"E 电场模"选项，如图 4-198 所示，并在如图 4-199 所示的对话框中输入相应的控制参数以查看几何对象的近场电场分布情况。

设置完成后，所选几何对象的近场电场分布情况会在模型视图中显示，如图 4-200 所示。

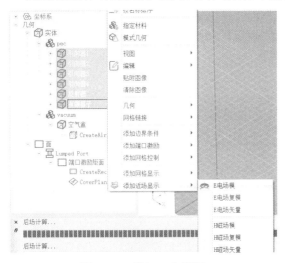

图 4-198　添加 E 电场模

图 4-199　查看几何对象的近场电场分布情况

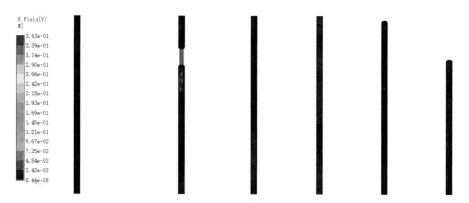

图 4-200　几何对象的近场电场分布

4.4.6.4　S 参数结果显示

仿真结束后，用户可以查看模型的不同频率的 SYZ 参数。在工程管理树中，Rainbow 系列软件会把这些新增的结果显示添加到"结果显示"目录下。选择"结果显示"目录并单击鼠标右键，然后在弹出的快捷菜单中选择"SYZ 参数图表"→"2 维矩形线图"选项，如图 4-201 所示，并在如图 4-202 所示的对话框中输入相应的控制参数，添加模型的 SYZ 参数分布。

图 4-201　创建 2 维矩形线图

图 4-202　产生 SYZ 参数曲线

方案：[6]　　　　　　　　　　　　类别：SYZ-Parameter
项：S　　　　　　　　　　　　　　函数：dB20
In：All　　　　　　　　　　　　　　Out：All

设置完成后，单击"新增图表"按钮，产生的 SYZ 参数曲线分布情况会在结果图表视图中显示，如图 4-203 所示。

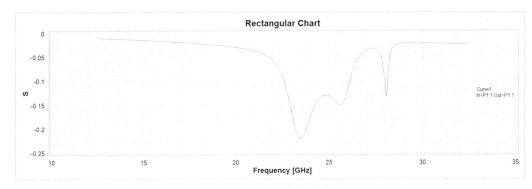

图 4-203　SYZ 参数曲线

4.4.6.5　远场方向图结果显示

选择工程管理树中的"散射远场"目录并单击鼠标右键,然后在弹出的快捷菜单中选择"球面"选项,并在如图 4-204 所示的对话框中输入相应的控制参数来添加模型的远场观察球。

图 4-204　远场观察球设置

设置完远场观察球后,可以选择新增的远场观察球并单击鼠标右键,然后在弹出的快捷菜单中选择"计算"选项,启动求解器后场计算功能,如图 4-205 所示。

选择工程管理树中的"结果显示"目录并单击鼠标右键,然后在弹出的快捷菜单中选择"远场图表"→"3 维极坐标曲面图"选项,如图 4-206 所示,并在如图 4-207 所示的对话框中输入相应的控制参数来添加模型的远场散射方向图。

图 4-205　启动求解器后场计算功能

图 4-206　创建 3 维极坐标曲面图

第 4 章 FEM 仿真实例

图 4-207 远场散射方向图设置

数据源：[8] 类别：E-Field
项：Far-Field E-Total 函数：dB10
X：RaditationTheta Y：RaditionPhi
Frequency：All PortModel：All

设置完成后，生成的远场散射方向图会在结果图表视图中显示，如图 4-208 所示。

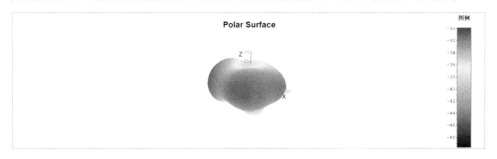

图 4-208 远场散射方向图

系统也可以把生成的远场散射方向图添加到几何模型视图中。选择工程管理树中的"散射远场"目录并单击鼠标右键，然后在弹出的快捷菜单中选择"添加远场显示"→"远场"选项，如图 4-209 所示，并在图 4-210 所示的对话框中修改相应的控制参数以查看模型的远场散射结果。

图 4-209 添加远场散射方向图

图 4-210 修改远场散射方向图

添加好后，远场散射方向图会在几何模型视图中显示，如图 4-211 所示。

图 4-211　几何模型视图中的远场散射方向图

 ## 4.5　FEM 仿真实例——射频连接器

4.5.1　问题描述

本例要分析的器件如图 4-212 所示，通过查看远场结果，介绍 Rainbow-FEM3D 模块的具体仿真流程，包括建模、求解、后处理等。

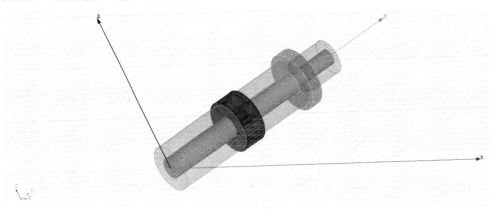

图 4-212　射频连接器仿真模型

4.5.2　系统的启动

4.5.2.1　从开始菜单启动

选择操作系统的"Start"→"Rainbow Simulation Technologies"→"Rainbow Studio"选项，在弹出的"产品选择"对话框中选择产品模块，如图 4-213 所示，启动 Rainbow-FEM3D 模块。

图 4-213　启动 Rainbow-FEM3D 模块

4.5.2.2　创建 FEM 文档与设计

如图 4-214 所示，选择"文件"→"新建工程"→"Studio 工程与 FEM（Modal）模型"选项，创建新的文档，其中包含一个默认的 FEM 设计。

图 4-214　创建 FEM 文档与设计

在左边的工程管理树中选择 FEM 设计树节点并单击鼠标右键，然后在弹出的快捷菜单中选择"模型改名"选项，把设计的名称修改为射频连接器，如图 4-215 所示。

选择"文件"→"保存"选项或按 Ctrl+S 组合键以保存文档，将文档保存为射频连接器.rbs 文件。保存后的射频连接器工程管理树如图 4-216 所示。

图 4-215　修改设计名称　　　　图 4-216　保存后的射频连接器工程管理树

4.5.3 创建几何模型

4.5.3.1 创建材料

在工程管理树中选择"材料库"目录，然后单击鼠标右键，在弹出的快捷菜单中选择"添加材料"→"常规"选项，如图 4-217 所示，弹出"常规材料"对话框。

图 4-217 打开材料管理库

为工程添加新的材料，具体设置如图 4-218 和图 4-219 所示。

图 4-218 添加新材料 PEI　　　　图 4-219 添加新材料 PS

名称：PEI

Relative Permittivity：3.15　　　　Relative Permeability：1

Magnetic LossTangent：0　　　　Dielectric LossTangent：0

Bulk Conductivity：0　　　　测量频率：9.40

名称：PS

Relative Permittivity：2.45　　　　Relative Permeability：1

Magnetic LossTangent：0　　　　Dielectric LossTangent：0

Bulk Conductivity：0　　　　测量频率：9.40

4.5.3.2 创建 pec 材料的圆柱体

如图 4-220 所示，选择"几何"→"圆柱体"选项，创建圆柱体，用户可以在模型视图窗口中按图 4-221 用鼠标创建圆柱体。

第 4 章 FEM 仿真实例

图 4-220 创建圆柱体

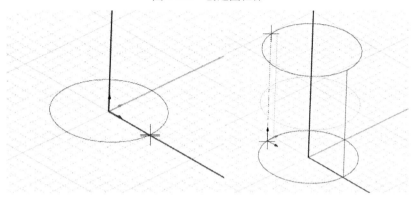

图 4-221 用鼠标拉出圆柱体的半径和高度

双击创建的圆柱体对象"Cylinder1",然后在如图 4-222 所示的"几何"对话框中修改圆柱体的名称为 DT1,将颜色修改为黄色,并将材料选择为 pec。

选择对象的创建命令"CreateCylinder",在如图 4-223 所示的"属性"对话框中输入相应的命令属性参数。

图 4-222 修改圆柱体对象的参数

图 4-223 修改圆柱体对象的几何尺寸

X|Y|Z:0　0　0　　　　　　　　　　　坐标轴:Y
半径:0.535　　　　　　　　　　　　　高度:3.85

创建好的图形如图 4-224 所示。

用同样的方式建立 DT2、DT3、DT4、DT5、DT6、DT7 圆柱体对象,其具体参数如图 4-225 所示。

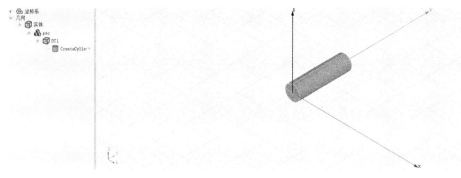

图 4-224 创建好的图形

图 4-225 创建其他圆柱体对象

DT2

X|Y|Z：0   3.85   0

坐标轴：Y

半径：0.4

高度：0.15

DT4

DT3

X|Y|Z：0   4   0

坐标轴：Y

半径：0.4

高度：0.8

DT5

X|Y|Z：0　4.8　0

坐标轴：Y

半径：0.4

高度：0.15

DT6

X|Y|Z：0　7.95　0

坐标轴：Y

半径：0.4

高度：0.6

X|Y|Z：0　4.95　0

坐标轴：Y

半径：0.52

高度：3

DT7

X|Y|Z：0　8.55　0

坐标轴：Y

半径：0.4

高度：1.8

创建完成的几何模型如图4-226所示。

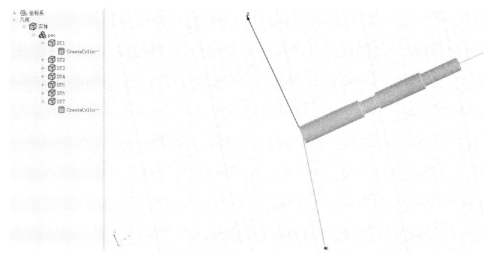

图4-226　创建完成的几何模型

4.5.3.3　创建air材料的几何模型

选择"几何"→"圆柱体"选项，在平面处建立圆柱体，并双击"Cylinder"，在"几何"对话框和"属性"对话框中修改其属性，如图4-227所示。

图4-227　修改air1几何模型的参数

air1

X|Y|Z：0　　0　　0　　　　　　　　　　　　坐标轴：Y

半径：1.2　　　　　　　　　　　　　　　　　高度：3.85

采用同样的方式建立 air2，如图 4-228 所示。

图 4-228　修改 air2 几何模型的参数

air2

X|Y|Z：0　　3.85　　0　　　　　　　　　　坐标轴：Y

半径：1.2　　　　　　　　　　　　　　　　　高度：0.15

按照同样的方式创建 air3 几何模型，如图 4-229 所示。

图 4-229　修改 air3 几何模型的参数

air3

X|Y|Z：0　　3.85　　0　　　　　　　　　　坐标轴：Y

半径：0.52　　　　　　　　　　　　　　　　高度：0.15

按照同样的方式创建 air4 几何模型，如图 4-230 所示。

air4

X|Y|Z：0　　4.8　　0　　　　　　　　　　　坐标轴：Y

半径：1.2　　　　　　　　　　　　　　　　　高度：0.15

按照同样的方式创建 air5 几何模型，如图 4-231 所示。

air5
X|Y|Z：0   4.8   0   坐标轴：Y
半径：0.52   高度：0.15

图 4-230 修改 air4 几何模型的参数

图 4-231 修改 air5 几何模型的参数

按照同样的方式创建 air6 几何模型，如图 4-232 所示。

图 4-232 修改 air6 几何模型的参数

air6

X|Y|Z：0　4.95　0　　　　　　　　　坐标轴：Y

半径：1.2　　　　　　　　　　　　　　高度：3

按照同样的方式创建 air7 几何模型，如图 4-233 所示。

图 4-233　修改 air7 几何模型的参数

air7

X|Y|Z：0　8.55　0　　　　　　　　　坐标轴：Y

半径：0.9　　　　　　　　　　　　　　高度：1.8

接下来，进行 airX 的建模，选择"几何"→"圆柱体"选项，然后双击 Cylinder，修改其几何属性和参数属性，如图 4-234 所示。

图 4-234　修改 airX 几何模型的参数

airX

X|Y|Z：0　4　0.86　　　　　　　　　坐标轴：Y

半径：0.34　　　　　　　　　　　　　高度：0.8

对 airX 进行复制旋转操作，在几何树中选择"airX"，右击"Cylinder"，然后在弹出的快捷菜单中选择"几何"→"复制"→"旋转"选项，弹出"旋转复制"对话框，如图 4-235 所示,修改参数。

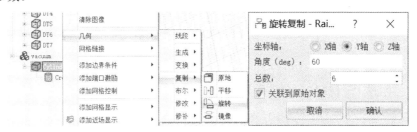

图 4-235 对 airX 进行旋转复制操作

创建完成的 air 材料的几何模型如图 4-236 所示。

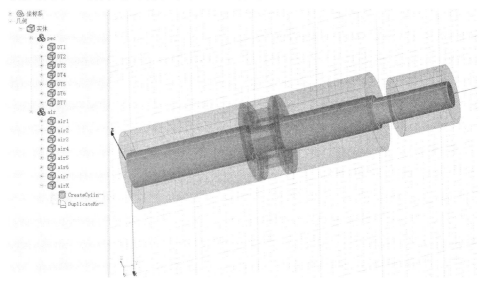

图 4-236 创建完成的 air 材料的几何模型

4.5.3.4 创建 PEI 材料的几何模型

选择"几何"→"圆柱体"选项,在平面处建立圆柱体,并双击 Cylinder,在"几何"对话框和"属性"对话框中修改其属性,如图 4-237 所示。

图 4-237 修改 PEI 材料的几何模型的属性

位置

X：0 　　　　　　　　　　坐标轴：Y

Y：3.85 　　　　　　　　　半径：1.33

Z：0 　　　　　　　　　　高度：1.1

4.5.3.5　创建 PS 材料的几何模型

选择"几何"→"圆柱体"选项，在平面处建立圆柱体，并双击 Cylinder，在"几何"对话框和"属性"对话框中修改其属性，如图 4-238 所示。

图 4-238　修改 PS 材料的几何模型的属性

位置

X：0 　　　　　　　　　　坐标轴：Y

Y：7.95 　　　　　　　　　半径：1.5

Z：0 　　　　　　　　　　高度：0.6

4.5.3.6　修改 air 几何模型

（1）在几何树中选择"DT1"，然后单击鼠标右键，在弹出的快捷菜单中选择"几何"→"复制"→"原地"选项，复制出新的几何模型 DT1_1。按住 Ctrl 键，先选择"air1"，再选择"DT1_1"，然后选择"几何"→"裁剪"选项，完成对 air1 的裁剪。

（2）按住 Ctrl 键，先选择"air2"，再选择"air3"，然后选择"几何"→"裁剪"选项，完成对 air2 的裁剪。

（3）按住 Ctrl 键，先选择"air4"，再选择"air5"，然后选择"几何"→"裁剪"选项，完成对 air4 的裁剪。

（4）在几何树中选择"DT7"，然后单击鼠标右键，在弹出的快捷菜单中选择"几何"→"复制"→"原地"选项，复制出新的几何体 DT7_1。按住 Ctrl 键，先选择"air7"，再选择"DT7_1"，然后选择"几何"→"裁剪"选项，完成对 air7 的裁剪。

完成上述操作后的几何树如图 4-239 所示。

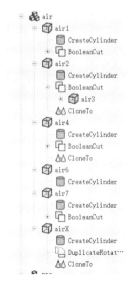

图 4-239　完成操作后的几何树

4.5.3.7 修改 JY1 几何模型

（1）在几何树中选择"DT2""DT3""DT4"并单击鼠标右键，然后在弹出的快捷菜单中选择"几何"→"复制"→"原地"选项，复制出新的几何体 DT2_1、DT3_1、DT4_1。按住 Ctrl 键，先选择"JY1"，再选择"DT2_1""DT3_1""DT4_1"，然后选择"几何"→"裁剪"选项，完成对 JY1 的一次裁剪。

（2）在几何树中选择"air2""air4"并单击鼠标右键，然后在弹出的快捷菜单中选择"几何"→"复制"→"原地"选项，复制出新的几何体 air2_1、air4_1。按住 Ctrl 键，先选择"JY1"，再选择"air2_1""air4_1"，然后选择"几何"→"裁剪"选项，完成对 JY1 的二次裁剪。

（3）在几何树中选择"airX"并单击鼠标右键，然后在弹出的快捷菜单中选择"几何"→"复制"→"原地"选项，复制出新的几何体 airX_1。按住 Ctrl 键，先选择"JY1"，再选择"airX_1"，然后选择"几何"→"裁剪"选项，完成对 JY1 的三次裁剪。

完成对 JY1 的裁剪后的几何树如图 4-240 所示。

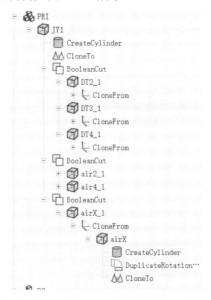

图 4-240　完成对 JY1 的裁剪后的几何树

4.5.3.8 修改 JY2 几何模型

在几何树中选择"DT6"并单击鼠标右键，然后在弹出的快捷菜单中选择"几何"→"复制"→"原地"选项，复制出新的几何体 DT6_1。按住 Ctrl 键，先选择"JY2"，再选择"DT6_1"，然后选择"几何"→"裁剪"，完成对 JY2 的裁剪，结果如图 4-241 所示。

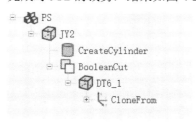

图 4-241　完成对 JY2 的裁剪

4.5.4 仿真模型设置

接下来，需要为几何模型设置各种相关的物理特性，包括模型的边界条件、网格参数等。

将选择模式修改为面选模式。如图 4-242 所示，选择 air1 的左侧面，然后单击鼠标右键，在弹出的快捷菜单中选择"添加端口激励"→"共轴波端口"选项。

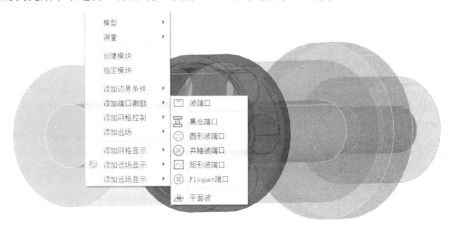

图 4-242　添加 P1 激励端口操作

如图 4-243 所示，选择 air7 的右侧面，然后单击鼠标右键，在弹出的快捷菜单中选择"添加端口激励"→"共轴波端口"选项。

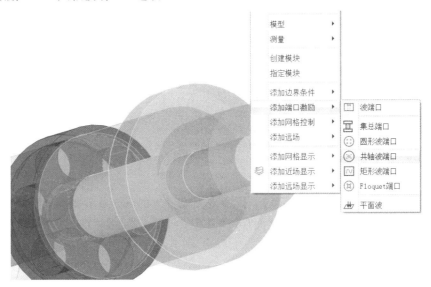

图 4-243　添加 P2 激励端口操作

如图 4-244 所示，添加完激励端口后，在左侧的工程管理树中修改"P1"端口和"P2"端口的起始方向，在"激励积分线"对话框中，单击"编辑"按钮，然后在几何模型上定义起点和终点，两个端口修改完成的结果如图 4-245 所示。

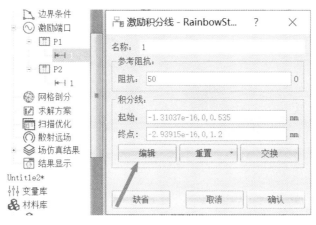

图 4-244 定义起点和终点

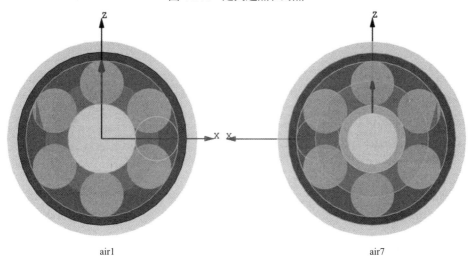

图 4-245 两个端口修改完成的结果

4.5.5 仿真求解

4.5.5.1 设置仿真求解器

下一步，用户需要设置求解器的仿真频率及其选项，以及可能的频率扫描范围。在工程管理树中，Rainbow 系列软件会把这些新增的求解器参数和频率扫描范围添加到"求解方案"目录下。选择"分析"→"添加求解方案"选项，如图 4-246 所示，并在如图 4-247 所示的"求解器设置"对话框中修改求解器参数。

图 4-246 添加求解方案操作

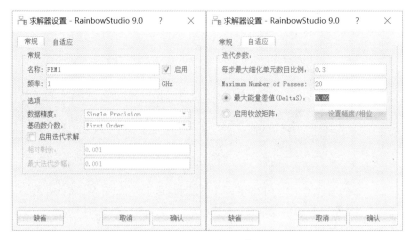

图 4-247 "求解器设置"对话框

频率：1

数据精度：Single Precision

基函数阶数：First Order

每步最大细化单元数目比例：0.3

Maximum Number of Passes：20

最大能量差值(DeltaS)：0.02

4.5.5.2 添加扫频方案

在"求解方案"目录下找到刚添加的"FEM1"，然后单击鼠标右键，在弹出的快捷菜单中选择"扫频方案"→"添加扫频方案"选项，如图 4-248 所示，并按照图 4-249 中的内容设置扫频方案。

图 4-248 添加扫频方案

图 4-249 设置扫频方案

扫描类型：Interpolating

起始：1

步幅：0.1

选择方法：Linear by Step

终止：50

4.5.5.3 求解

完成上述任务后,用户可以选择"分析"→"验证设计"选项,如图 4-250 所示,验证模型设置是否完整。单击"验证设计"按钮后,会出现如图 4-251 所示的"验证模型"对话框。

图 4-250 验证设计操作

图 4-251 验证仿真模型的有效性

下一步,选择"分析"→"求解设计"选项,启动仿真求解器分析模型,如图 4-252 所示。用户可以利用任务显示面板查看求解过程,包括进度和其他日志信息,如图 4-253 所示。

图 4-252 求解设计操作

图 4-253 查看仿真任务进度信息

4.5.6 结果显示

仿真结束后,用户可以创建各种形式的视图,包括线图、曲面和极坐标显示、天线辐射图等。在工程管理树中,Rainbow 系列软件会把这些新增的视图显示添加到结果显示目录下。选择"结果显示"→"SYZ 参数图表"→"2 维矩形线图"选项,如图 4-254 所示,并在如图 4-255 所示的对话框中输入相应的控制参数来添加结果。

图 4-254 打开 2 维矩形线图

图 4-255 设置 2 维矩形线图参数

方案:[6]　　　　　　　　　　　　　类别:VSWR
项:VSWR　　　　　　　　　　　　函数:dB10
In:P1:1　　　　　　　　　　　　　Out:P1:1

VSWR 参数的仿真结果如图 4-256 所示。

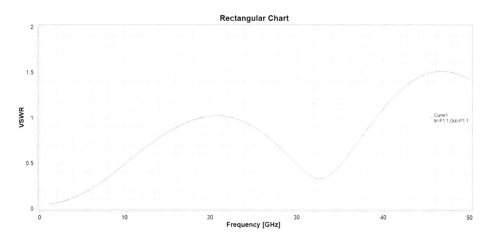

图 4-256 VSWR 参数的仿真结果

ANSYS 的仿真结果如图 4-257 所示。

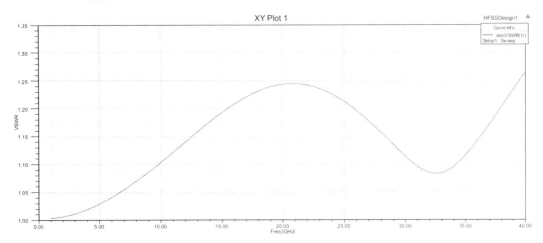

图 4-257　ANSYS 的仿真结果

重新设置 S 参数图表的参数，如图 4-258 所示。

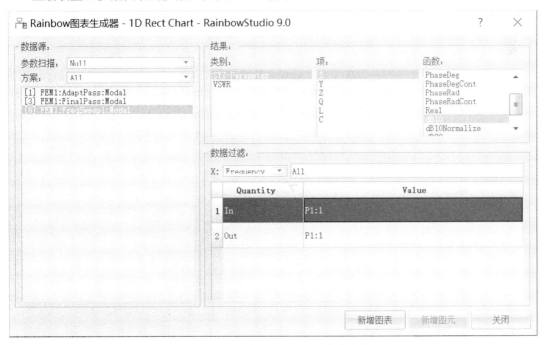

图 4-258　重新设置 S 参数图表的参数

方案：[6]　　　　　　　　　　　　　类别：SYZ-Parameter
项：S　　　　　　　　　　　　　　　函数：dB10
In：P1:1　　　　　　　　　　　　　Out：P1:1

单击"新增图表"按钮，查看 S 参数的仿真结果，如图 4-259 所示。

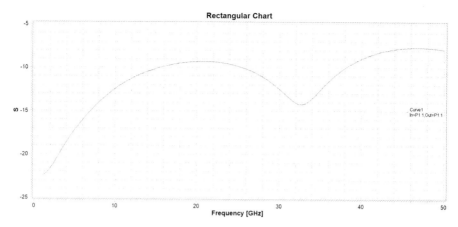

图 4-259　S 参数的仿真结果

 ## 4.6　Eigen 仿真实例——同轴谐振器

4.6.1　问题描述

本例要分析的器件如图 4-260 所示，通过计算该器件的本征值来介绍 Rainbow-Eigen 模块的具体仿真流程，包括建模、求解、后处理等。

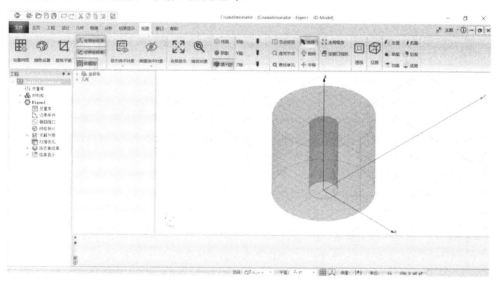

图 4-260　同轴谐振器模型

4.6.2　系统的启动

4.6.2.1　从开始菜单启动

选择操作系统的"Start"→"Rainbow Simulation Technologies"→"Rainbow Studio"选项，

在弹出的"产品选择"对话框中选择产品模块，如图 4-261 所示，启动 Rainbow-FEM3D 模块 。

图 4-261　启动 Rainbow-FEM3D 模块

4.6.2.2　创建 Eigen 文档与设计

如图 4-262 所示，选择"文件"→"新建工程"→"Studio 工程与 FEM（Eigen）模型"选项，创建新的文档，其中包含一个默认的 Eigen 设计。

图 4-262　创建 Eigen 文档与设计

在弹出的对话框中修改设计的名称为 Coaxialresonator，如图 4-263 所示。

选择"文件"→"保存"选项或按 Ctrl+S 组合键以保存文档，将文档保存为 EigenCoaxialresonator.rbs 文件。保存后的 EigenCoaxialresonator 工程管理树如图 4-264 所示。

 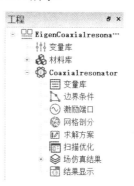

图 4-263　修改设计的名称　　　图 4-264　保存后的 EigenCoaxialresonator 工程管理树

4.6.3 创建几何模型

4.6.3.1 设置模型视图

如图 4-265 所示，选择"设计"→"长度单位"选项，然后在如图 4-266 所示的"模型长度单位"对话框中修改长度单位为 in。单击"确认"按钮关闭对话框。

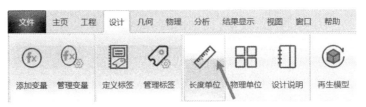

图 4-265　修改长度单位

图 4-266　设置模型长度单位

4.6.3.2 设置变量

选择"工程"→"管理变量"选项，打开"工程变量库"对话框，如图 4-267 所示，单击"增加"按钮，依次添加变量，然后单击"确认"按钮，即可完成变量的添加操作。

图 4-267　设置模型变量

变量 1
变量名：r1
表达式：0.75

变量 2
变量名：r2
表达式：0.21

变量 3
变量名：h1

变量 4
变量名：h2

表达式：1.26   表达式：1.12

4.6.3.3 创建圆柱体几何对象

选择"几何"→"圆柱体"选项，创建圆柱体，如图 4-268 所示，用户可以在模型视图窗口中按照如图 4-269 和图 4-270 所示的操作用鼠标创建圆柱体。

图 4-268　创建圆柱体

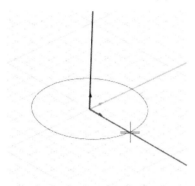

图 4-269　用鼠标拉出圆柱体的半径

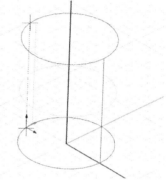

图 4-270　用鼠标拉出圆柱体的高度

双击创建的圆柱体"Cylinder1"，修改其名称为外层，如图 4-271 所示。

图 4-271　修改圆柱体的名称

选择对象的创建命令"CreateCylinder"，在如图 4-272 所示的"属性"对话框中输入相应的属性参数。

X：0   坐标轴：Z
Y：0   半径：r1
Z：0   高度：h1

图 4-272　修改外层圆柱体对象的几何尺寸

创建完成后，再次双击外层圆柱体对象，将透明度修改为 0.80，如图 4-273 所示。

图 4-273　修改圆柱体的透明度

用户可以在模型视图中滚动鼠标滚轮来放大/缩小模型视图。创建好的外层圆柱体如图 4-274 所示。

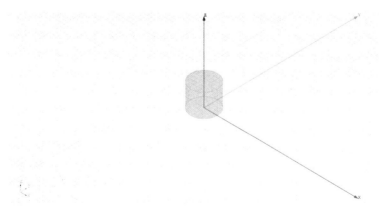

图 4-274　创建好的外层圆柱体

按照上述方法创建内层圆柱体。选择"几何"→"圆柱体"选项，创建圆柱体，然后双击创建的圆柱体"Cylinder2"，修改其名称为内层，如图 4-275 所示。

图 4-275　修改圆柱体对象的名称

双击对象的创建命令"CreateCylinder",在如图 4-276 所示的"属性"对话框中输入相应的属性参数。

图 4-276　内层圆柱体的创建

X：0　　　　　　　　　　　　　　　　　坐标轴：Z
Y：0　　　　　　　　　　　　　　　　　半径：r2
Z：0　　　　　　　　　　　　　　　　　高度：h2

创建完成后,再次双击"内层"圆柱体对象,将透明度修改为 0.5,如图 4-277 所示。

图 4-277　修改内层圆柱体的透明度

创建好的几何模型如图 4-278 所示。

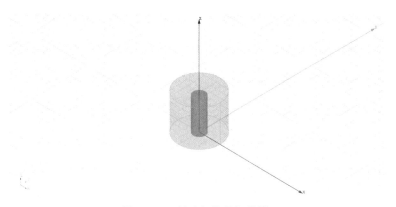

图 4-278 创建好的几何模型

4.6.3.4 裁剪圆柱体

接下来,进行裁剪操作,按次序分别选中外层、内层两个圆柱体,然后选择"几何"→"裁剪"命令,如图 4-279 所示。

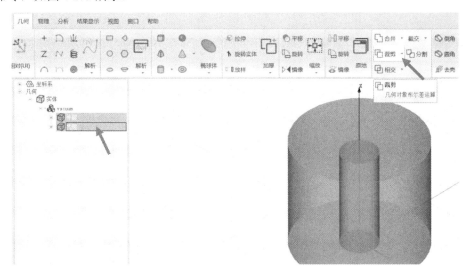

图 4-279 裁剪圆柱体

裁剪之后的对象如图 4-280 所示。

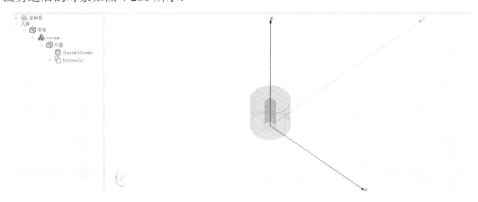

图 4-280 裁剪之后的对象

4.6.4 仿真模型设置

接下来,需要为几何模型设置各种相关的物理特性,包括模型的边界条件、网格参数等。

4.6.4.1 设置边界条件

创建几何模型后,用户可以为几何模型设置边界条件。在工程管理树中,Rainbow 系列软件会把这些新增的边界条件添加到"边界条件"目录下。选择"外层"几何模型并单击鼠标右键,然后在弹出的快捷菜单中选择"添加边界条件"→"理想电导体"选项,如图 4-281 所示。如图 4-282 所示,用户添加的所有边界条件均陈列在工程管理树的"边界条件"目录下。

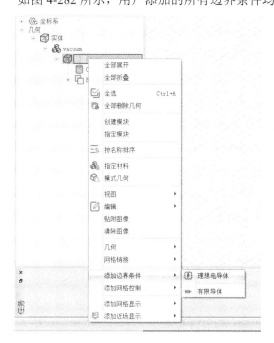

图 4-281　理想电导体边界设置

图 4-282　边界条件对象

4.6.4.2 设置网格剖分控制参数

几何模型创建好后,用户需要为几何模型及其某些关键结构设置各种全局和局部网格剖分控制参数。在工程管理树中,Rainbow 系列软件会把这些新增的结果显示添加到"网格剖分"目录下。选择"物理"→"初始网格"选项,如图 4-283 所示,并在如图 4-284 所示的"初始网格设置"对话框中设置参数。

其他选项保持默认设置,单击"确认"按钮,完成设置。

图 4-283　选择"初始网格"选项

图 4-284 设置全局初始网格剖分控制参数

4.6.5 仿真求解

4.6.5.1 设置仿真求解器

下一步，用户需要设置求解器的仿真频率及其选项，以及可能的频率扫描范围。在工程管理树中，Rainbow 系列软件会把这些新增的求解器参数和频率扫描范围添加到"求解方案"目录下。选择"分析"→"添加求解方案"选项，如图 4-285 所示，并在如图 4-286 所示的"求解器设置"对话框中修改求解器参数。

图 4-285 添加求解方案

图 4-286 "求解器设置"对话框

最小频率：1.6

Eigen 模数：4

每步最大细化单元数目比例：0.3

Maximum Number of Passes：10

Maximum Delta Energy：0.015

4.6.5.2 求解

完成上述任务后，用户可以选择"分析"→"验证设计"选项，如图 4-287 所示，验证模型设置是否完整。单击"验证设计"按钮后，会出现如图 4-288 所示的"验证模型"对话框。

图 4-287 验证设计操作

图 4-288 验证仿真模型的有效性

下一步，选择"分析"→"求解设计"选项，启动仿真求解器分析模型，如图 4-289 所示。用户可以利用任务显示面板查看求解过程，包括进度和其他日志信息，如图 4-290 所示。

图 4-289 求解设计操作

图 4-290 查看仿真任务进度信息

4.6.6 结果显示

仿真分析结束后,用户可以查看模型仿真分析的各个结果,包括仿真分析所用的网格剖分、本征值、电流分布等。

4.6.6.1 网格显示

用户可以选择某个或多个几何结构,查看它们在仿真分析时构建的网格剖分情况。用户可以选择几何结构添加网格剖分显示。在工程管理树中,Rainbow 系列软件会把这些新增的结果显示添加到"场仿真结果"目录下。

在模型视图或几何树中选择"外层"几何对象,然后选择"物理"→"网格"选项,并在如图 4-291 所示的对话框中输入相应的控制参数以查看几何的网格剖分情况。

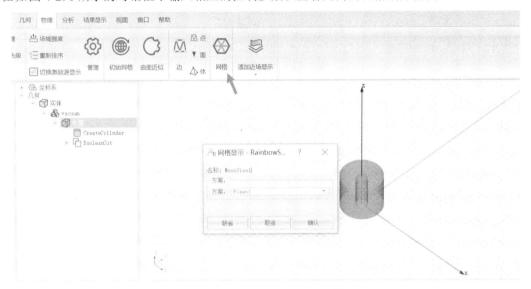

图 4-291 查看几何的网格剖分情况

设置完成后,所选几何对象的网格剖分情况会在模型视图中显示,如图 4-292 所示。

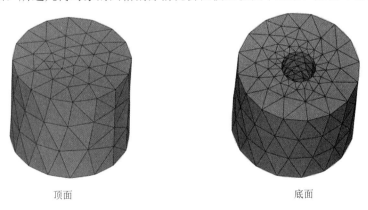

顶面　　　　　　　　　　　　底面

图 4-292 网格剖分显示

4.6.6.2 本征值数据显示

仿真结束后,用户可查看模型的结果。在工程管理树中,Rainbow 系列软件会把这些新增的结果显示添加到"结果显示"目录下。选择"结果显示"目录并单击鼠标右键,然后在弹出的快捷菜单中选择"Eigen 图表"→"2 维矩形线图"选项,如图 4-293 所示,并在如图 4-294 所示的对话框中输入相应的控制参数来添加模型的 Eigen 结果。

图 4-293 打开 2 维矩形线图

图 4-294 Eigen 图表设置

方案:[1]
类别:Eigen-Mode　　　　　　　　项:Eigen-Mode
函数:Imaginary、Real　　　　　　X:Mode

2 维矩形线图的显示结果如图 4-295 所示。

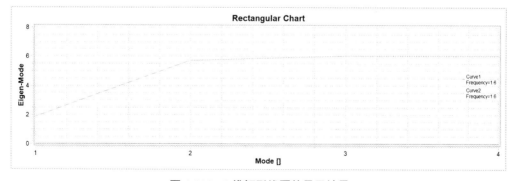

图 4-295 2 维矩形线图的显示结果

4.6.6.3 电场、磁场、电流显示

仿真结束后,用户可以查看几何模型上的电流、电场、磁场等的分布与流动情况。在工程

管理树中，Rainbow 系列软件会把这些新增的结果显示添加到"场仿真结果"目录下。在模型视图或几何树中选择"外层"几何对象，接着选择"物理"→"添加近场显示"选项，然后可以在"添加近场显示"下拉菜单中选择需要近场显示的选项，如图 4-296 所示。

图 4-296　几何模型添加近场显示

选择"E 电场模"选项，然后按照如图 4-297 所示的内容修改参数。

设置完成后，还需要在工程管理树中的"场仿真结果"→"散射近场"→"E 场"目录下进行计算，如图 4-298 所示。

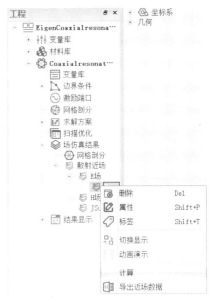

图 4-297　添加近场显示设置　　　　图 4-298　后场计算设置

模数为 3 时的近场显示结果如图 4-299 所示。

双击"E 场"目录下的"EMag1"，弹出"近场显示"对话框，修改电场模数为 2，如图 4-300 所示。

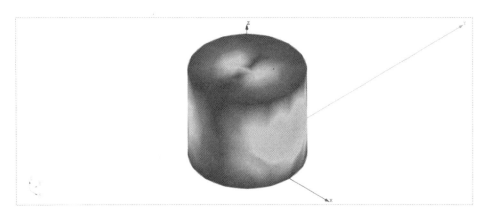

图 4-299　模数为 3 时的近场显示结果

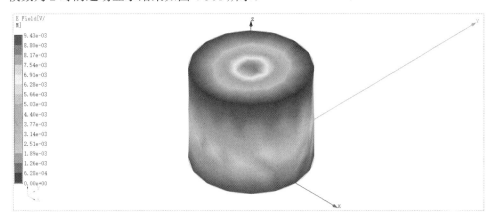

图 4-300　修改电场模数

模数为 2 时的近场显示结果如图 4-301 所示。

图 4-301　模数为 2 时的近场显示结果

4.6.6.4　导出本征场数据文件

在"激励端口"目录上单击鼠标右键,然后在弹出的快捷菜单中选择"导出 Eigen 数据"选项,如图 4-302 所示。

如图 4-303 所示,在"本征数据导出窗口"对话框中单击"计算"按钮,可以得到如图 4-304 所示的计算结果。

图 4-302　导出 Eigen 数据

图 4-303　计算本征数据

图 4-304　得到本征数据的计算结果

单击左下角的"导出"按钮，可以导出本征数据，如图 4-305 所示。

图 4-305　导出本征数据

单击"导出"按钮后，需要选择目标位置，如图 4-306 所示，选择完成后，单击"保存"按钮即可导出本征数据，完成后会弹出如图 4-307 所示的对话框。

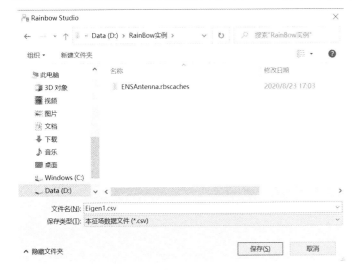

图 4-306　选择目标位置　　　　　　　图 4-307　成功导出本征数据

思考与练习

（1）FEM 建模及仿真的过程。
（2）FEM 模块有哪些特定的功能？
（3）Eigen 模块的建模及仿真过程。
（4）如何导出本征数据？

第 5 章 Layout 仿真实例

随着电子技术的发展，高速系统时钟频率不断地提高，PCB 中传输线的性能对电子系统的影响越来越大，传输线的信号完整性也越来越重要。在此种情况下，利用仿真工具研究信号完整性是十分有必要的。

Layout3D 是 Rainbow 系列软件作为电路级电磁场分析的辅助应用模块，它与 FEM3D 相结合，在识别 EDA 数据文件后，通过层级筛选和区域智能框选 PCB 上关心的区域并输出三维待仿真的 FEM3D 模型，然后在 FEM3D 中实现仿真过程，输出 SYZ 参数、电场分布等。Layout3D 的有效使用可大大减少电路级建模工作，提高使用效率。

Layout3D 模块的设计流程如图 5-1 所示。

本章通过 3 个 PCB 的剪切实例来介绍 Rainbow-Layout3D 模块的功能。

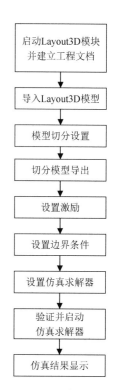

图 5-1 Layout3D 模块的设计流程

5.1 ODB++ Inside 的导出流程

在使用 Layout3D 模块前，需要将 Cadence 文件中的 PCB 导出，本节介绍如何从 Cadence 中将 PCB 导出为 Layout3D 所需的文件。首先打开所需的 Cadence 文件，如图 5-2 所示。

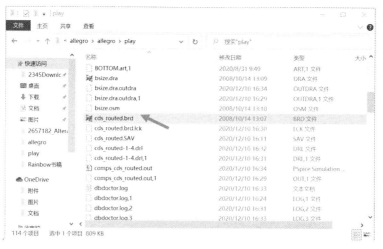

图 5-2 打开所需的 Cadence 文件

双击 Cadence 文件，然后需要在如图 5-3 所示的对话框中选择 Cadence 产品。

第 5 章 Layout 仿真实例

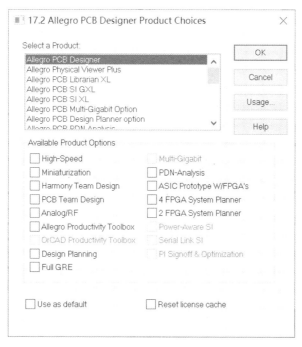

图 5-3 选择 Cadence 产品

选择完成后,单击"OK"按钮,打开 Cadence 文件,如图 5-4 所示。

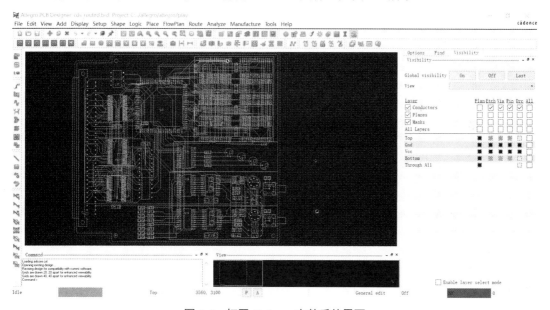

图 5-4 打开 Cadence 文件后的界面

选择"Display"→"Status"选项,如图 5-5 所示,打开"Status"对话框,单击"DRCs and Backdrills"选区中的"Update DRC"按钮,如图 5-6 所示。

单击"OK"按钮,完成设置。下一步,选择"Tools"→"Database Check..."选项,如图 5-7 所示。

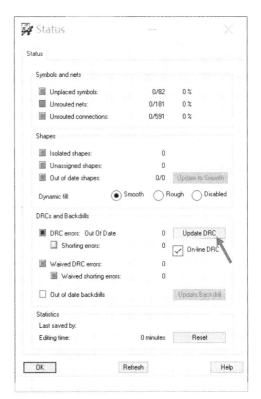

图 5-5　打开"Status"对话框　　　　图 5-6　单击"Update DRC"按钮

打开对话框后，选中所有的复选框，如图 5-8 所示，之后单击"Check"按钮。

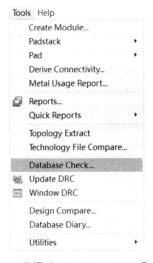
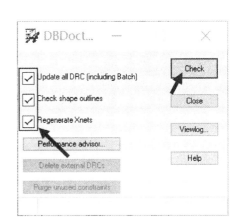

图 5-7　选择"Database Check…"选项　　　　图 5-8　选中所有的复选框

完成设置后关闭对话框，然后选择"Shape"→"Global Dynamic Params…"选项，如图 5-9 所示。

在如图 5-10 所示的对话框中选择"Void controls"选项卡，在"Artwork format"下拉列表中选择"Gerber RS274X"选项。

第 5 章 Layout 仿真实例

 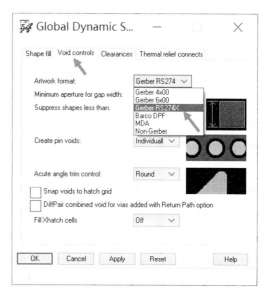

图 5-9 选择 "Global Dynamic Params…" 选项　　图 5-10 选择 "Gerber RS274X" 选项

下一步，选择 "Manufacture" → "Artwork…" 选项，如图 5-11 所示，可以打开 "Artwork Control Form" 对话框。

在 "Film Control" 选项卡下的 "Domain Selection" 列表框中选中所有的复选框，如图 5-12 所示，之后单击 "Create Artwork" 按钮。

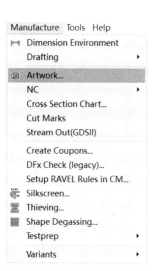 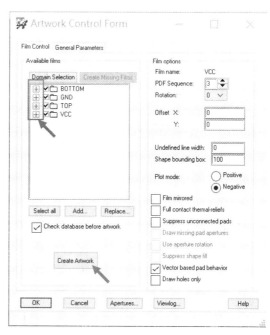

图 5-11 选择 "Artwork…" 选项　　图 5-12 "Artwork Control Form" 对话框

单击 "OK" 按钮，完成操作。下一步，选择 "File" → "Export" → "DOB++ inside…" 选项，如图 5-13 所示。

在弹出的"Allegro PCB Designer"提示框中单击"Yes"按钮,如图 5-14 所示。

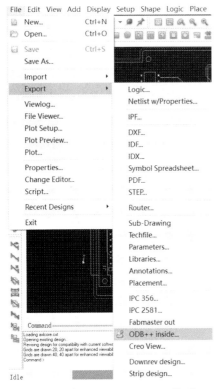

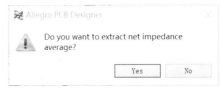

图 5-13　选择"ODB++ inside…"选项　　　　图 5-14　单击"Yes"按钮

在如图 5-15 所示的对话框中,可以在"Input Path"文本框中指定输入 Cadence 文件的路径,在"Output Path"文本框中指定输出文件的路径,在"Output Job Name"文本框中修改输出文件的名称,在"Log File Path"文本框中指定日志文件的路径。指定完成后,在"Output Options"选区中选择"GZIP"复选框,之后单击 图标开始转换。

图 5-15　开始转换

第 5 章　Layout 仿真实例

转换完成后，可以在下方看到"Translation Finished Successfully"的字样，如图 5-16 所示，表示转换成功。

图 5-16　转换成功

 ## 5.2　Layout 仿真实例——CdsRouted

5.2.1　问题描述

这个例子用来展示如何用 Rainbow-Layout3D 模块对如图 5-17 所示的 PCB 模型进行导入和剪切操作。

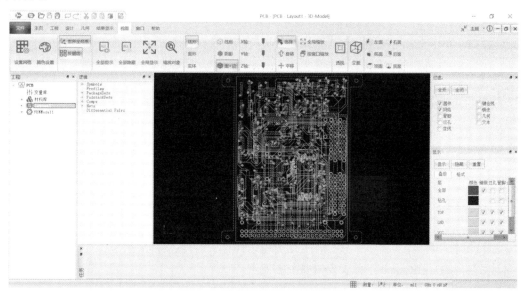

图 5-17　PCB 模型

5.2.2 系统的启动

选择操作系统的"Start"→"Rainbow Simulation Technologies"→"Rainbow Studio"选项，在弹出的"产品选择"对话框中选择产品模块，如图 5-18 所示，启动 Rainbow-Layout3D 模块。

图 5-18　启动 Rainbow-Layout3D 模块

5.2.3 创建 Layout 文档与设计

如图 5-19 所示，选择"文件"→"新建工程"→"Studio 工程与 Layout 模型"，创建新的文档，其中包含一个默认的 Layout 设计。

如图 5-20 所示，在左边的工程管理树中选择 Layout 设计树节点并单击鼠标右键，然后在弹出的快捷菜单中选择"模型改名"选项，把设计的名称修改为 CdsRouted。

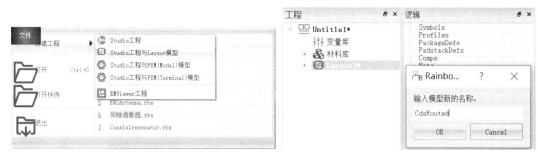

图 5-19　创建 Layout 文档与设计　　　图 5-20　修改设计的名称

选择"文件"→"保存"选项或按 Ctrl+S 组合键以保存文档，将文档保存为 LayoutCdsRouted.rbs 文件。保存后的 CdsRouted 工程管理树如图 5-21 所示。

第 5 章 Layout 仿真实例

图 5-21 保存后的 CdsRouted 工程管理树

5.2.4 导入几何对象

用户可以通过"几何"选项卡中的各个选项从零开始创建各种三维几何模型，包括坐标系、点、线、面和体。

选择"几何"→"导入"→"ODB++导入"选项，如图 5-22 所示。

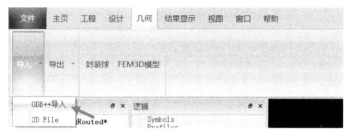

图 5-22 选择"ODB++导入"选项

选择要导入的文件，然后单击"打开"按钮，即可导入对应的文件，如图 5-23 所示。

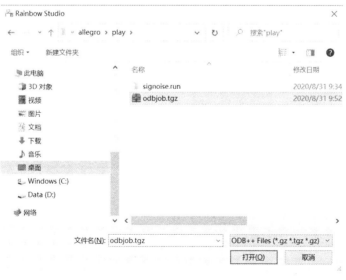

图 5-23 导入 ODB++文件

模型导入之后，用户可以根据需要选择过滤的叠层和网络数据，如图 5-24 所示。选择需要导入的元器件，选中的元器件前方会有对钩作为标志，选择完成后，单击"确认"按钮关闭对话框。

图 5-24 叠层和网络数据的过滤

用户可以在如图 5-25 所示的"显示"窗格中对叠层和格式进行显示、隐藏、重置和改变颜色等设置。

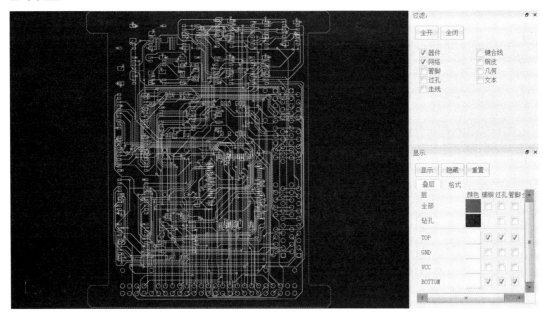

图 5-25 叠层和格式的设置

5.2.5 FEM3D 模型的剪切设置

5.2.5.1 网络对象设置窗口

通过单击"几何"选项卡中的 FEM3D 模型图标,可以打开"FEM3D Model"对话框,选择"网络对象"→"选取"选项,如图 5-26 所示,然后在"过滤"窗格中选择需要选取的对象类型(器件和网络),在模型视图中框选或双击要选取的对象,如图 5-27 示。

第 5 章　Layout 仿真实例

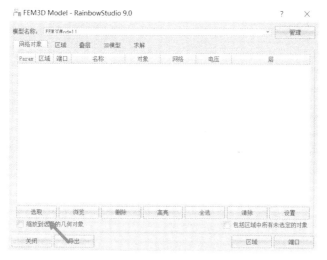

图 5-26　选取对象操作

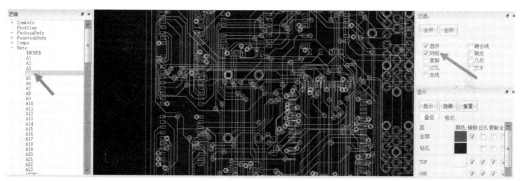

图 5-27　选取器件和网络

在"逻辑"窗格中选择"A4"网络,在模型视图中,A4 网络会以高亮状态显示,此时在模型视图中双击"A4"网络,即可选择 A4 网络,如图 5-28 所示。

图 5-28　选择 A4 网络

按照同样的方法选择 A5 网络,如图 5-29 所示。

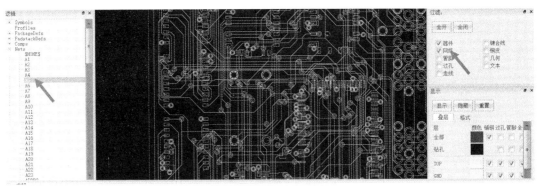

图 5-29　在模型视图中选择 A5 网络

选中后可以在"FEM3D Model"对话框中找到 A5 网络,如图 5-30 所示。

再次单击"选取"按钮,在模型视图右侧的"过滤"窗格中,只勾选"铜皮"复选框,之后选择整个模型区域,如图 5-31 所示。

图 5-30　"FEM3D Model"对话框中的 A5 网络

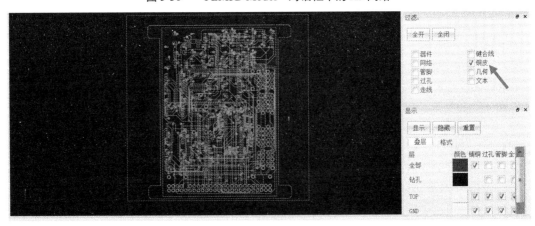

图 5-31　选择整个模型区域

选中模型后,"FEM3D Model"对话框的显示结果如图 5-32 所示,选择 Shape3 对象,再单击"删除"按钮,可以将其删除。

图 5-32　删除 Shape3 对象

5.2.5.2　模型区域设置

如图 5-33 所示,选择"区域"→"创建"→"矩形"选项,在模型视图中编辑矩形区域,如图 5-34 所示,生成的区域会自动在"自定义区域"列表框中显示,如图 5-35 所示。

图 5-33　创建矩形区域

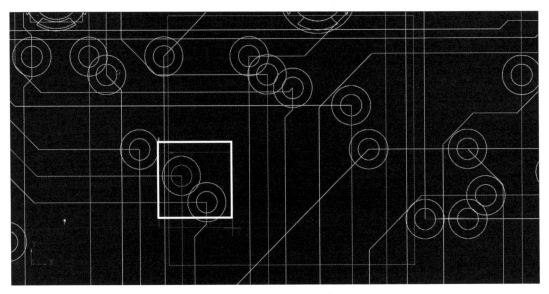

图 5-34　编辑矩形区域

图 5-35　创建好的矩形区域

5.2.5.3　几何参数 3D 模型设置

在"叠层"选项卡的左下方选中"Layer thickness parametrization"复选框，如图 5-36 所示。在"FEM3D Model"对话框中选择"3D 模型"选项卡，按照图 5-37 中的内容设置 3D 模型。

第 5 章　Layout 仿真实例

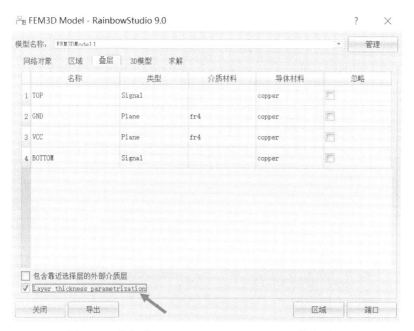

图 5-36　选中"Layer thickness parametrization"复选框

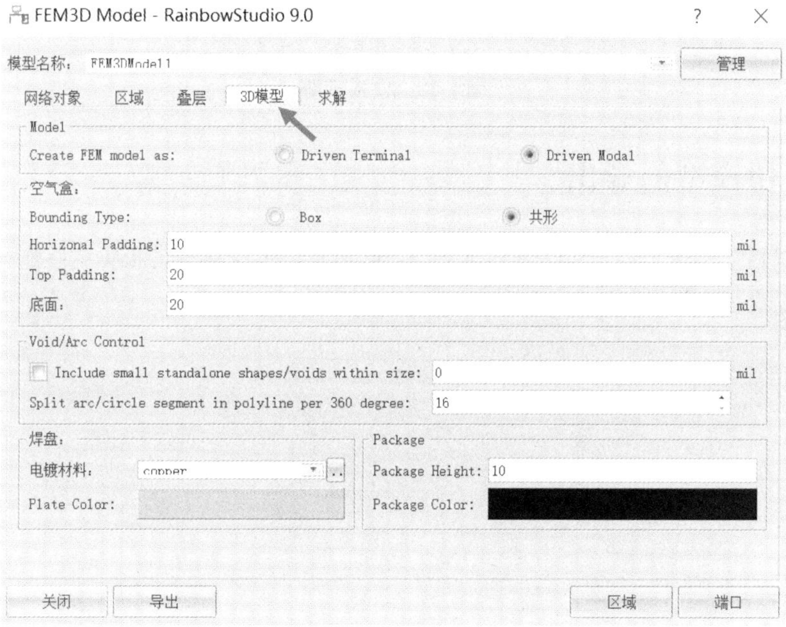

图 5-37　设置 3D 模型

Create FEM model as：Driven Modal　　　　Bounding Type：共形
Horizontal Padding：10　　　　　　　　　　Top Padding：20
底面：20　　　　　　　　　　　　　　　　电镀材料：copper

在"FEM3D Model"对话框中选择"求解"选项卡，按照图 5-38 中的内容进行设置。

仿真频率：20　　　　　　　　　　　　　　扫描类型：插值
扫描方式：线形数目　　　　　　　　　　　频率起始：1

频率终止：2　　　　　　　　　　　　频点数目：101

Max Refinement Per Pass：0.3

Max Number of Passes：20

Max Delta Energy：0.02

图 5-38　设置求解

5.2.6　剪切模型的导出

设置完成后，单击"导出"按钮，如图 5-39 所示，系统将自动根据这些选择和参数生成 FEMModel 工程，成功导出的 3D 模型如图 5-40 所示。

图 5-39　导出 3D 模型

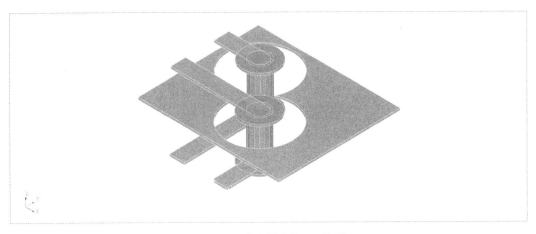

图 5-40　成功导出的 3D 模型

5.2.7　仿真模型设置

5.2.7.1　设置激励

为导出的 3D 模型添加端口激励，在 GND 与走线之间创建长方形，如图 5-41 所示。

图 5-41　创建端口激励面 1

首先选择"几何"→"长方形"选项，创建长方形对象，如图 5-42 所示。

图 5-42　创建长方形对象

接下来，选择长方形的第一个点，如图 5-43 所示。

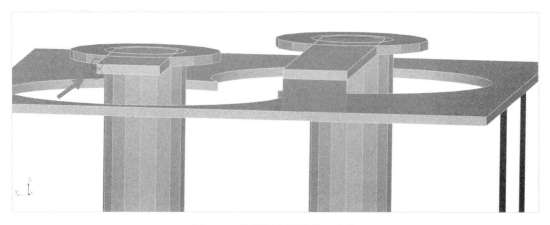

图 5-43 选择长方形的第一个点

之后选择长方形的第二个点,如图 5-44 所示。

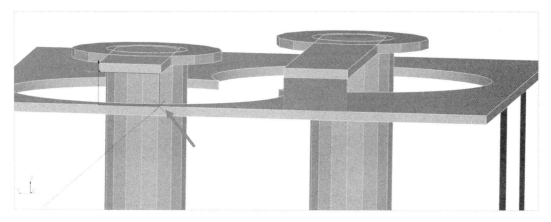

图 5-44 选择长方形的第二个点

按照同样的方式创建如图 5-45 所示的长方形。

图 5-45 创建端口激励面 2

使用 Alt+鼠标左键的方法旋转几何模型,按照同样的方法在下层的 GND 与走线之间创建长方形,如图 5-46 所示。

图 5-46 为下层创建激励面

依次选择每个激励面,然后单击鼠标右键,在弹出的快捷菜单中选择"添加端口激励"→"集总端口"选项,为其添加集总端口,如图 5-47 所示。

图 5-47 为激励面添加集总端口

添加完成后,可以在"激励端口"目录下看到新建的集总端口"P1""P2""P3""P4",如图 5-48 所示。

图 5-48 查看新建的集总端口

5.2.7.2 设置边界条件

选择"视图"→"显示选中对象"→"全部显示"选项,如图 5-49 所示,可以查看隐藏的对象。

图 5-49　显示全部对象

选择最外层的空气盒，然后单击鼠标右键，在弹出的快捷菜单中选择"添加边界条件"→"理想辐射边界"选项，为其添加理想辐射边界，如图 5-50 所示。

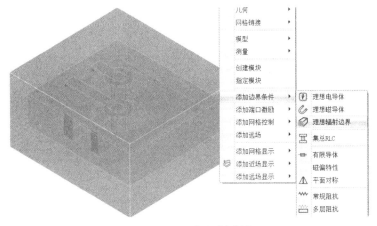

图 5-50　添加理想辐射边界

5.2.8　仿真求解

5.2.8.1　求解

完成上述任务后，用户可以选择"分析"→"验证设计"选项，验证模型设置是否完整，如图 5-51 所示。

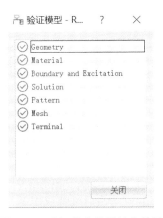

图 5-51　验证仿真模型的有效性

下一步，选择"分析"→"求解设计"选项，启动仿真求解器分析模型。用户可以利用任务显示面板查看求解过程，包括进度和其他日志信息，如图5-52所示。

图 5-52　查看仿真任务进度信息

5.2.8.2　S 参数显示

仿真结束后，用户可以查看模型的不同频率的 SYZ 参数。在工程管理树中，Rainbow 系列软件会把这些新增的结果显示添加到"结果显示"目录下。选择"结果显示"目录并单击鼠标右键，然后在弹出的快捷菜单中选择"SYZ 参数图表"→"2 维矩形线图"选项，如图 5-53 所示，并在如图 5-54 所示的对话框中输入相应的控制参数来添加模型的 SYZ 参数分布结果。

图 5-53　创建 2 维矩形线图

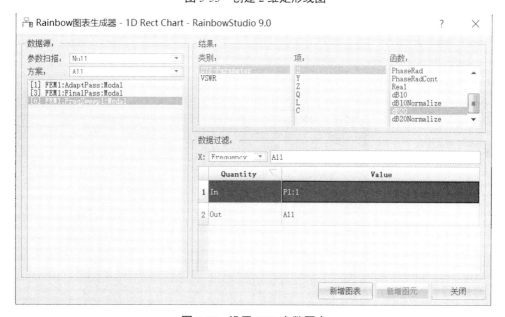

图 5-54　设置 SYZ 参数图表

方案：[6]　　　　　　　　类别：SYZ-Parameter
项：S　　　　　　　　　　函数：dB20
In：P1:1　　　　　　　　 Out：All

设置完成后,单击"新增图表"按钮。S 参数曲线结果如图 5-55 所示。

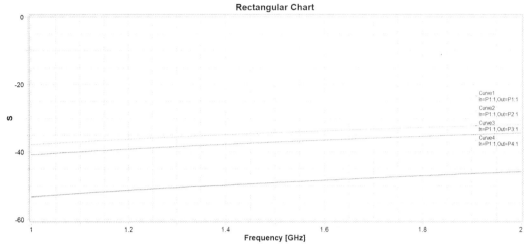

图 5-55　S 参数曲线结果

5.3　Layout 仿真实例——SFP 高速通道仿真与测试

5.3.1　问题描述

这个例子用来展示如何用 Rainbow-Layout3D 模块对如图 5-56 所示的 PCB 模型进行导入和剪切操作。

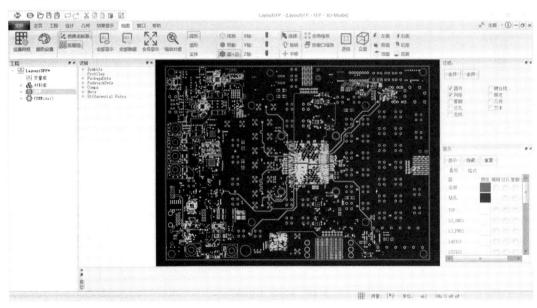

图 5-56　PCB 模型

5.3.2 系统的启动

选择操作系统的"Start"→"Rainbow Simulation Technologies"→"Rainbow Studio"选项，在弹出的"产品选择"对话框中选择 FEM3D 模块和 Layout3D 模块，如图 5-57 所示，启动 Rainbow-Layout3D 模块。

图 5-57　启动 Rainbow-Layout3D 模块

5.3.3 创建 Layout 文档与设计

如图 5-58 所示，选择"文件"→"新建工程"→"Studio 工程与 Layout 模型"选项，创建新的文档，其中包含一个默认的 Layout 设计。

图 5-58　创建 Layout 文档与设计

如图 5-59 所示，在左边的工程管理树中选择 Layout 设计树节点并单击鼠标右键，然后在弹出的快捷菜单中选择"模型改名"选项，把设计的名称修改为 SFP。

图 5-59　修改设计的名称

选择"文件"→"保存"选项或按 Ctrl+S 组合键以保存文档，将文档保存为 LayoutSFP.rbs 文件。保存后的 LayoutSFP 工程管理树如图 5-60 所示。

图 5-60　保存后的 LayoutSFP 工程管理树

5.3.4　导入几何对象

用户可以通过"几何"选项卡中的各个选项从零开始创建各种三维几何模型，包括坐标系、点、线、面和体。

选择"几何"→"导入"→"ODB++导入"选项，如图 5-61 所示。

图 5-61　选择"ODB++导入"选项

选择要导入的文件，单击"打开"按钮，即可导入对应的文件，如图 5-62 所示。

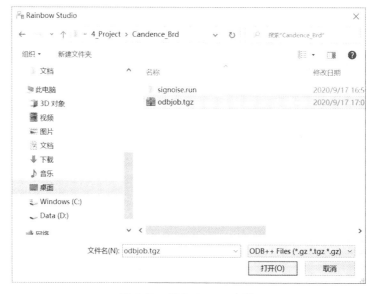

图 5-62　导入 ODB++文件

模型导入之后，用户可以根据需要选择过滤的叠层和网络，如图 5-63 所示。选择需要导入的元器件，选中的元器件前方会有对钩作为标志，选择完成后单击"确认"按钮，关闭对话框。

图 5-63　叠层和网络的过滤

用户可以在如图 5-64 所示的"显示"窗格中，对叠层和格式进行显示、隐藏、重置和改变颜色等设置。

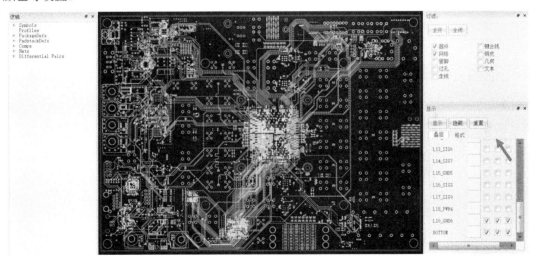

图 5-64　叠层和格式的设置

5.3.5　FEM3D 模型的剪切设置

5.3.5.1　网络对象设置

单击"几何"选项卡下的"FEM3D 模型"按钮，如图 5-65 所示，打开"FEM3D Model"对话框，如图 5-66 所示。

图 5-65　单击"FEM3D 模型"按钮

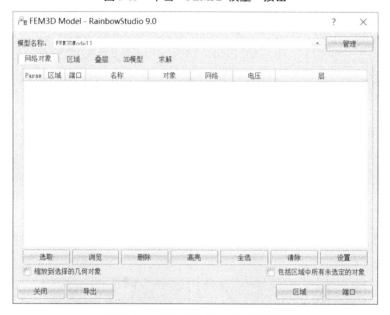

图 5-66　"FEM3D Model"对话框

选择"网络对象"→"选取"选项，如图 5-67 所示，然后在"过滤"窗格中选择需要选取的对象类型（过孔、走线和铜皮），如图 5-68 所示，接着在"逻辑"窗格中选取对象，本次选取的对象为"GXB_RXLN_18"和"GXB_RXLP_18"。

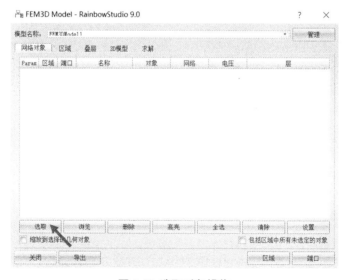

图 5-67　选取对象操作

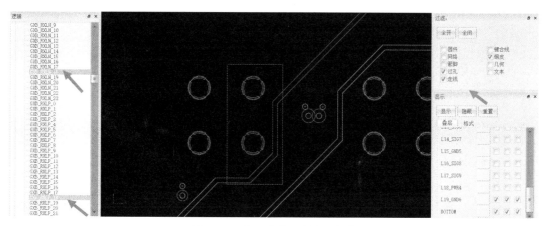

图 5-68　选取过孔、走线和铜皮

在对应区域内选择的走线及铜皮如图 5-69 所示。

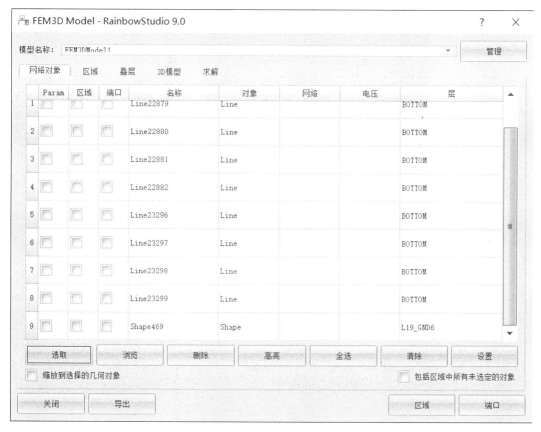

图 5-69　对应区域内的走线和铜皮

5.3.5.2　模型区域设置

如图 5-70 所示，选择"区域"→"创建"→"矩形"选项，在模型视图中编辑矩形区域，如图 5-71 所示。生成的区域会自动在"自定义区域"列表框中显示，如图 5-72 所示。

图 5-70　创建矩形区域

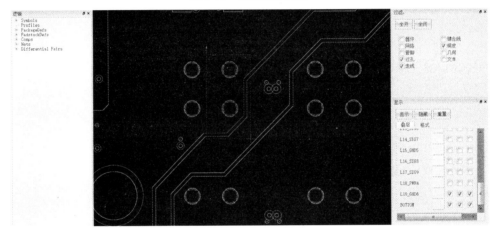

图 5-71　编辑矩形区域

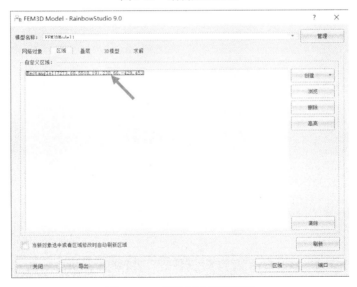

图 5-72　创建好的矩形区域

5.3.5.3 几何参数 3D 模型设置

在叠层选项卡的左下方选中"Layer thickness parametrization"复选框,如图 5-73 所示。

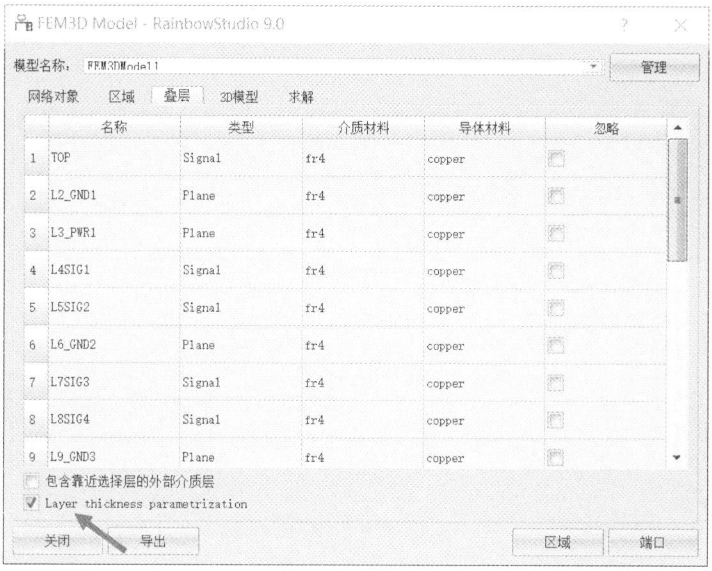

图 5-73 选中"Layer thickness parametrization"复选框

在"FEM3D Model"对话框中选择"3D 模型"选项卡,按照图 5-74 中的内容设置 3D 模型。

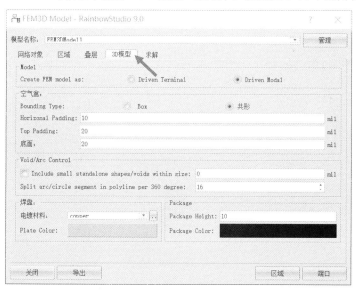

图 5-74 设置 3D 模型

Create FEM model as:Driven Modal

Bounding Type:共形　　　　　　Horizonal Padding:10

Top Padding:20　　　　　　　　底面:20

电镀材料:copper

选择"求解"选项卡,修改求解方案及扫频方案,如图 5-75 所示。

图 5-75 修改求解方案及扫频方案

仿真频率：20

扫描类型：插值　　　　　　扫描方式：线形数目

频率起始：0.1　　　　　　　频率终止：22.5

频点数目：101

Max Refinement Per Pass：0.3

Max Number of Passes：6　　Max Delta Energy：0.02

5.3.6　剪切模型的导出

设置完成后，单击"导出"按钮，如图 5-76 所示，系统将自动根据这些选择的参数生成 FEMModel 工程。成功导出的 3D 模型如图 5-77 所示。

图 5-76　导出 3D 模型

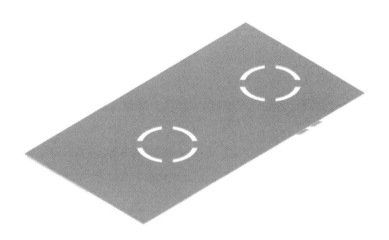

图 5-77　成功导出的 3D 模型

5.3.7　仿真模型设置

5.3.7.1　设置激励

为导出的 3D 模型添加端口激励，在 GND 与走线之间创建长方形，如图 5-78 所示。

图 5-78　创建端口激励面 1

首先选择"几何"→"长方形"选项，创建长方形对象，如图 5-79 所示。

图 5-79　创建长方形对象

接下来为长方形选择第一个点，如图 5-80 所示。

之后选择长方形的第二个点，如图 5-81 所示。

按照同样的方式创建如图 5-82 所示的长方形。

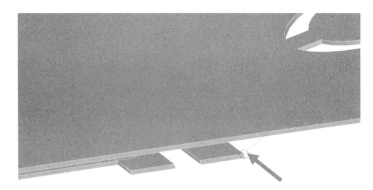

图 5-80　选择长方形的第一个点

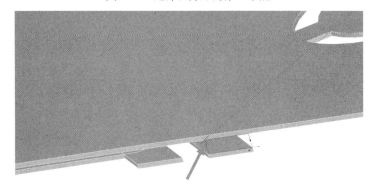

图 5-81　选择长方形的第二个点

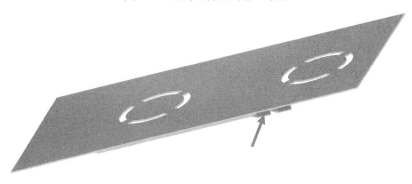

图 5-82　创建端口激励面 2

使用 Alt+鼠标左键的方法旋转几何模型，按照同样的方法在后方的 GND 与走线之间创建长方形，如图 5-83 所示。

图 5-83　为下层创建激励面

依次选择每个激励面，然后单击鼠标右键，在弹出的快捷菜单中选择"添加端口激励"→"集总端口"选项，为其添加集总端口，如图5-84所示。

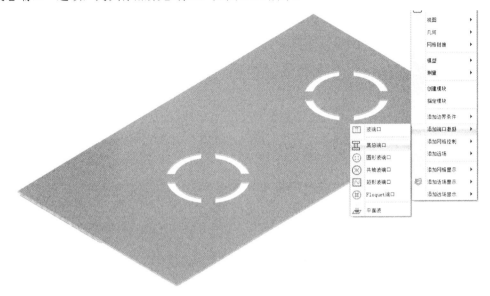

图 5-84　为激励面添加集总端口

添加完集总端口后，可以在"激励端口"目录下看到新建的集总端口"P1""P2""P3""P4"，如图5-85所示。

图 5-85　查看新建的集总端口

选择"物理"→"差分端口"选项，如图5-86所示，打开"激励端口差分匹配"对话框，如图5-87所示。

单击"插入"按钮，添加差模端口和共模端口，如图5-88所示。

图 5-86 选择"差分端口"选项

图 5-87 "激励端口差分匹配"对话框

图 5-88 添加差模端口和共模端口

接下来,为差模端口和共模端口分配正/负端口,在正端口和负端口处双击,可以打开其下拉菜单,以选择端口,如图 5-89 所示。

图 5-89 选择端口

按照如图 5-90 所示的设置为差模端口和共模端口分配正/负端口。

图 5-90　分配正/负端口

单击"确认"按钮，完成设置。

5.3.7.2　设置边界条件

选择"视图"→"显示选中对象"→"全部显示"选项，如图 5-91 所示，可以查看隐藏的对象。

图 5-91　显示全部对象

选择最外层的空气盒，然后单击鼠标右键，在弹出的快捷菜单中选择"添加边界条件"→"理想辐射边界"选项，为其添加理想辐射边界，如图 5-92 所示。

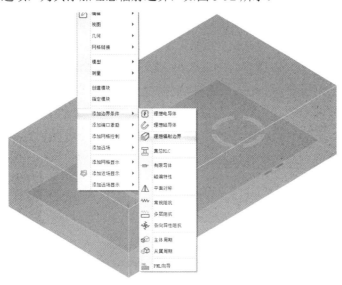

图 5-92　添加理想辐射边界

5.3.8 仿真求解

5.3.8.1 求解

完成上述任务后，用户可以选择"分析"→"验证设计"选项，验证模型设置是否完整，如图 5-93 所示。

图 5-93 验证仿真模型的有效性

下一步，选择"分析"→"求解设计"选项，启动仿真求解器分析模型。用户可以利用任务显示面板查看求解过程，包括进度和其他日志信息，如图 5-94 所示。

图 5-94 查看仿真任务进度信息

5.3.8.2 S 参数显示

仿真结束后，用户可以查看模型的不同频率的 SYZ 参数。在工程管理树中，Rainbow 系列软件会把这些新增的结果显示添加到"结果显示"目录下。选择工程管理树中的"结果显示"目录并单击鼠标右键，然后在弹出的快捷菜单中选择"SYZ 参数图表"→"2 维矩形线图"选项，如图 5-95 所示，并在如图 5-96 所示的对话框中输入相应的控制参数来添加模型的 SYZ 参数分布结果。

图 5-95 创建 2 维矩形线图

第 5 章 Layout 仿真实例

图 5-96　设置 SYZ 参数图表

方案：[7]　　　　　　　　　类别：SYZ-Parameter
项：S　　　　　　　　　　　函数：dB20
In：Comm1　　　　　　　　Out：Comm2

设置完成后，单击"新增图表"按钮，S 参数曲线结果如图 5-97 所示。

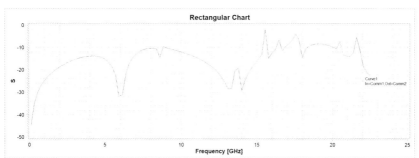

图 5-97　S 参数曲线结果

修改 S 参数图表的参数，如图 5-98 所示。

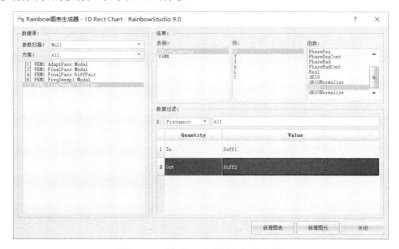

图 5-98　修改 S 参数图表的参数

方案：[7]　　　　　　　　类别：SYZ-Parameter

项：S　　　　　　　　　函数：dB20

In：Diff1　　　　　　　Out：Diff2

修改后的 S 参数曲线结果如图 5-99 所示。

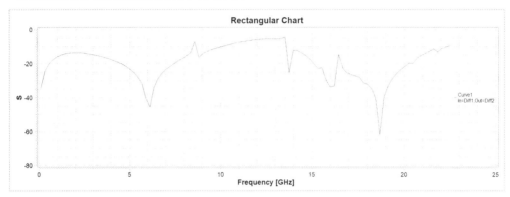

图 5-99　修改后的 S 参数曲线结果

5.4　Layout 仿真实例——PCIE 仿真与测试

5.4.1　问题描述

这个例子用来展示如何用 Rainbow-Layout3D 模块对如图 5-100 所示的 PCB 模型进行导入和剪切操作。

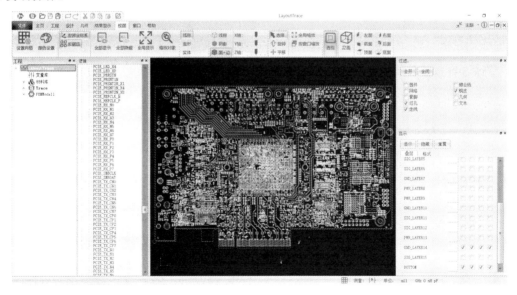

图 5-100　PCB 模型

5.4.2 系统的启动

选择操作系统的"Start"→"Rainbow Simulation Technologies"→"Rainbow Studio"选项，在弹出的"产品选择"对话框中选择 FEM3D、Layout3D 模块，如图 5-101 所示，启动 Rainbow-Layout3D 模块。

图 5-101　启动 Rainbow-Layout3D 模块

5.4.3 创建 Layout 文档与设计

如图 5-102 所示，选择"文件"→"新建工程"→"Studio 工程与 Layout 模型"选项，创建新的文档，其中包含一个默认的 Layout 设计。

图 5-102　创建 Layout 文档与设计

如图 5-103 所示，在左边的工程管理树中选择 Layout1 设计树节点并单击鼠标右键，然后在弹出的快捷菜单中选择"模型改名"选项，把设计的名称修改为 Trace。

选择"文件"→"保存"选项或按 Ctrl+S 组合键以保存文档，将文档保存为 LayoutTrace.rbs 文件。保存后的 Trace 工程管理树如图 5-104 所示。

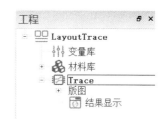

图 5-103　修改设计的名称　　　　　图 5-104　保存后的 Trace 工程管理树

5.4.4　导入几何对象

用户可以通过"几何"选项卡下的各个选项从零开始创建各种三维几何模型，包括坐标系、点、线、面和体。

选择"几何"→"导入"→"ODB++导入"选项，如图 5-105 所示。

图 5-105　选择"ODB++导入"选项

选择要导入的文件，单击"打开"按钮，即可导入对应的文件，如图 5-106 所示。

图 5-106　导入 ODB++文件

模型导入之后，用户可以根据需要选择过滤的叠层和网络，如图 5-107 所示。选择需要导入的元器件，选中的元器件前方会有对钩作为标志，选择完成后，单击"确认"按钮关闭对话框。

图 5-107　叠层和网络的过滤

用户可以在如图 5-108 所示的"显示"窗格中对叠层和格式进行显示、隐藏、重置和改变颜色等设置。

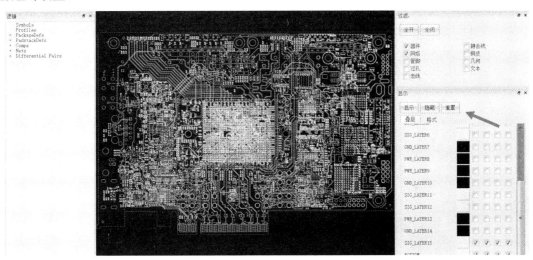

图 5-108　叠层和格式的设置

5.4.5　FEM3D 模型的剪切设置

5.4.5.1　网络对象设置

选择"几何"→"FEM3D 模型"选项，如图 5-109 所示，打开"FEM3D Model"对话框。

图 5-109　创建 FEM3D 模型

选择"网络对象"→"选取"选项，如图 5-110 所示，然后在"过滤"窗格中选择需要选取的对象类型（过孔和走线），在模型视图中框选或双击要选取的对象。

图 5-110　选取对象操作

用户可以在左侧的"逻辑"窗格中选取对象，选中后的对象会以高亮状态显示；也可以直接在 PCB 界面框选一个区域，此时区域内的所有器件都会被选中，然后可以在"过滤"窗格中选择特定的对象，以筛选 PCB 中的器件。

本例选择"PCIE_TX_N0""PCIE_TX_P0"及其延长线"PCIE_TX_CN0""PCIE_TX_CP0"，如图 5-111 所示。

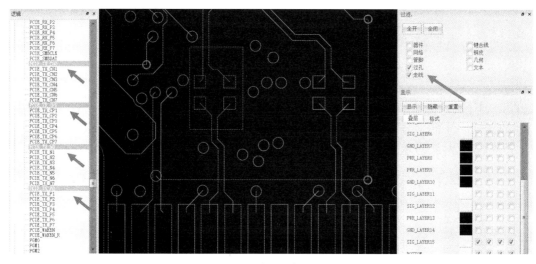

图 5-111　选取器件及网络

第 5 章　Layout 仿真实例

选中后的导线会出现在"FEM3D Model"对话框中，如图 5-112 所示。

图 5-112　选中的导线

再次单击"选取"按钮，在"过滤"窗格中只选择"铜皮"复选框，之后选择整个模型视图区域，如图 5-113 所示。

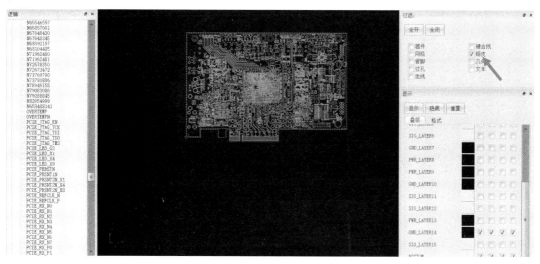

图 5-113　选择整个模型区域

选中整个模型视图后，"FEM3D Model"对话框如图 5-114 所示，保留 Shape52 及上一步添加的导线对象，选择多余的铜皮（名称中带有 Shape），然后单击"删除"按钮将其删除。

删除多余铜皮后的"FEM3D Model"对话框如图 5-115 所示。

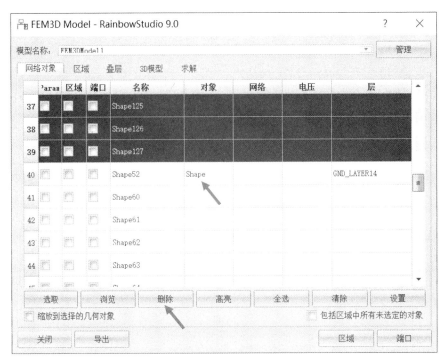

图 5-114　删除多余的铜皮操作

图 5-115　删除多余铜皮后的"FEM3D Model"对话框

5.4.5.2　模型区域设置

如图 5-116 所示，选择"区域"→"创建"→"矩形"选项，在模型视图中编辑矩形区域，如图 5-117 所示。生成的区域会自动在"自定义区域"列表框中显示，如图 5-118 所示。

第 5 章　Layout 仿真实例

图 5-116　创建矩形区域

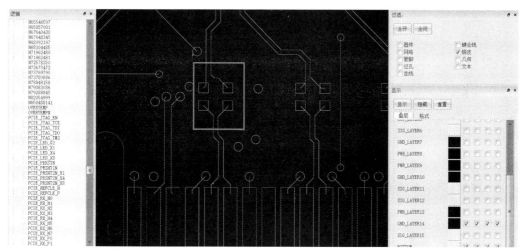

图 5-117　编辑矩形区域

图 5-118　创建好的矩形区域

5.4.5.3 几何参数 3D 模型设置

在"叠层"选项卡的左下方选中"Layer thickness parametrization"复选框,如图 5-119 所示。

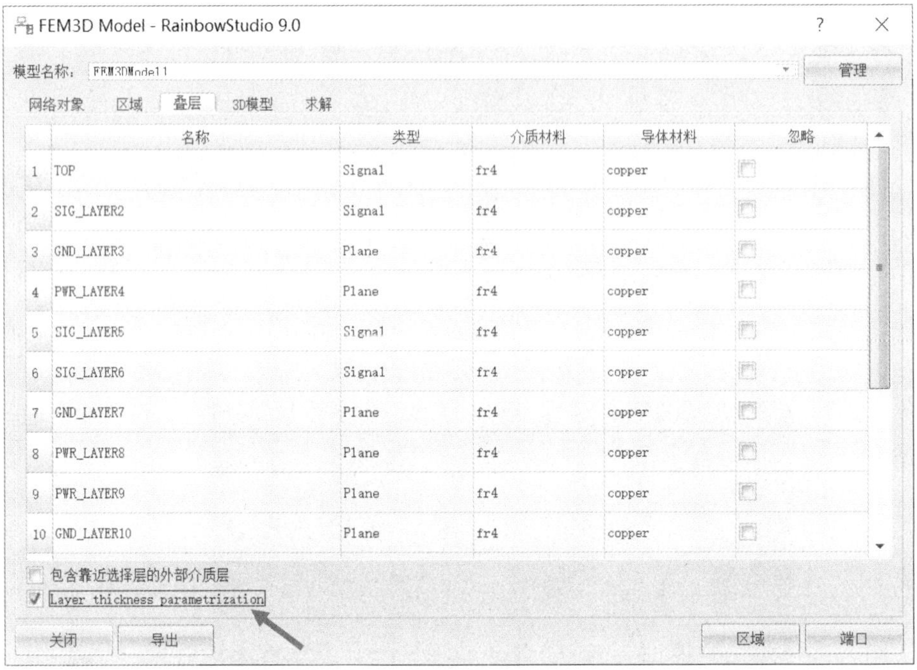

图 5-119 选中"Layer thickness parametrization"复选框

在"FEM3D Model"对话框中选择"3D 模型"选项卡,按照图 5-120 中的内容设置 3D 模型。

图 5-120 设置 3D 模型

Create FEM model as：Driven Modal
Bounding Type：共形　　　　　　　Horizontal Padding：10
Top Padding：20　　　　　　　　　底面：20
电镀材料：copper

选择"FEM3D Model"对话框中的"求解"选项卡，修改求解方案及扫频方案，如图 5-121 所示。

图 5-121　修改求解方案及扫频方案

仿真频率：4
扫描类型：插值　　　　　　　　　　扫描方式：线形步进
频率起始：0.1　　　　　　　　　　　频率终止：15
扫频步进：0.1
Max Refinement Per Pass：0.3　　　Max Number of Passes：20
Max Delta Energy：0.001

5.4.6　剪切模型的导出

设置完成后，单击"导出"按钮，如图 5-122 所示，系统将自动根据这些选择和参数生成 FEMModel 工程。成功导出的 3D 模型如图 5-123 所示。

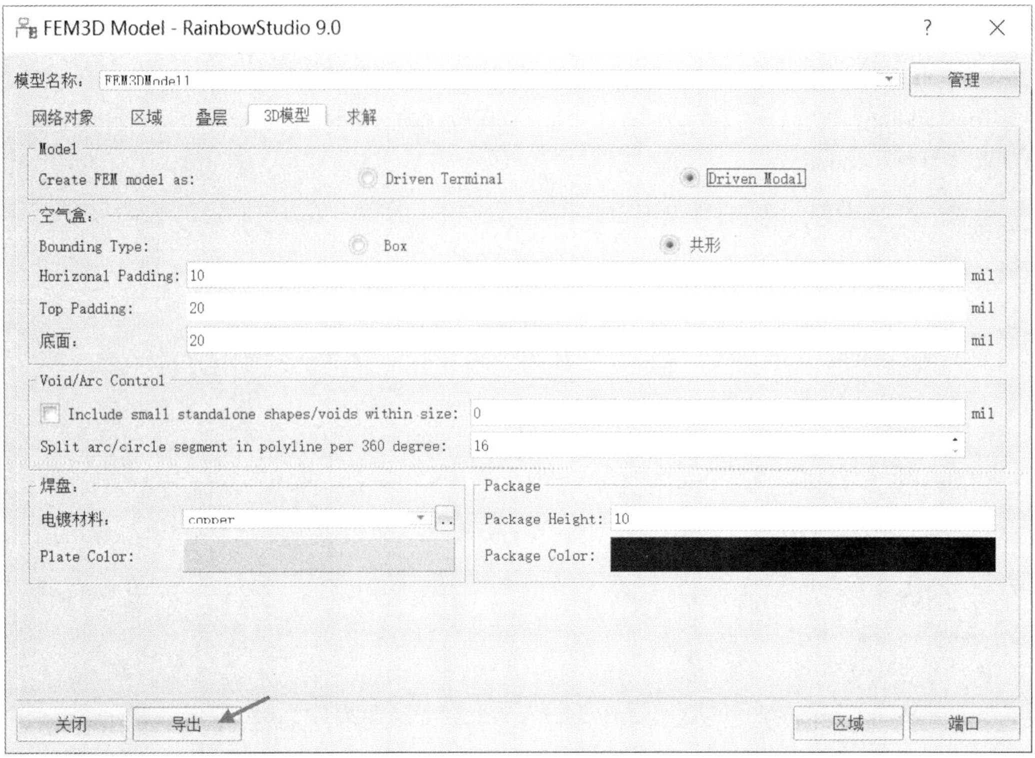

图 5-122 导出 3D 模型

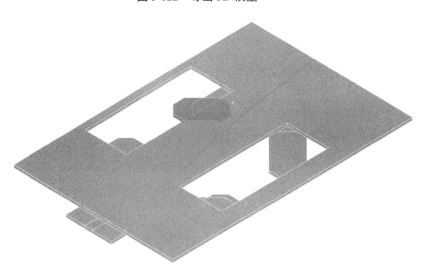

图 5-123 成功导出的 3D 模型

5.4.7 仿真模型设置

5.4.7.1 设置激励

为导出的 3D 模型添加端口激励，在 GND 与走线之间创建长方形，如图 5-124 所示。

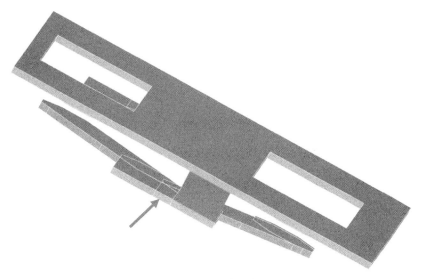

图 5-124　创建端口激励面 1

首先选择"几何"→"长方形"选项,创建长方形对象,如图 5-125 所示。

图 5-125　创建长方形对象

接下来为长方形选择第一个点,如图 5-126 所示。

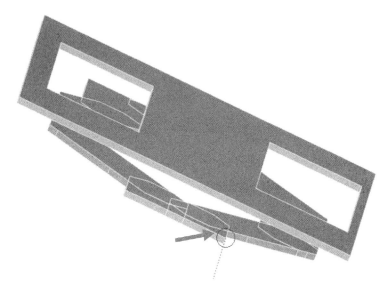

图 5-126　选择长方形的第一个点

之后选择长方形的第二个点,如图 5-127 所示。

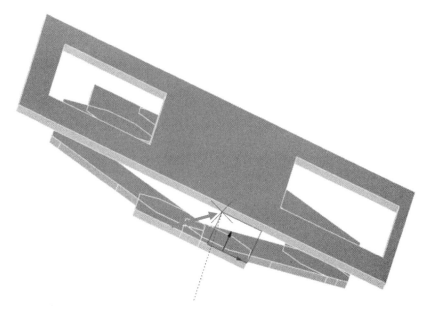

图 5-127 选择长方形的第二个点

使用 Alt+鼠标左键的方法旋转几何模型，按照同样的方法在后方的 GND 与走线之间创建长方形，如图 5-128 所示。

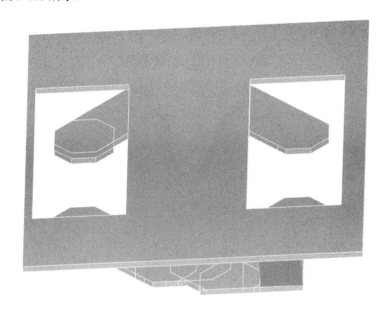

图 5-128 创建端口激励面 2

依次选择每个激励面，然后单击鼠标右键，在弹出的快捷菜单中选择"添加端口激励"→"集总端口"选项，为其添加集总端口，如图 5-129 所示。

添加完集总端口后，可以在"激励端口"目录下看到新建的集总端口"P1""P2"，如图 5-130 所示。

第 5 章 Layout 仿真实例

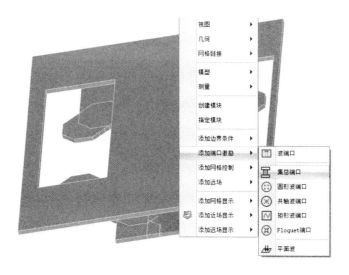

图 5-129 为激励面添加集总端口

图 5-130 查看新建的端口激励

5.4.7.2 设置边界条件

选择"视图"→"显示选中对象"→"全部显示"选项，如图 5-131 所示，可以查看隐藏的对象。

图 5-131 显示全部对象

选择最外层的空气盒，然后单击鼠标右键，在弹出的快捷菜单中选择"添加边界条件"→

"理想辐射边界"选项，为其添加理想辐射边界，如图5-132所示。

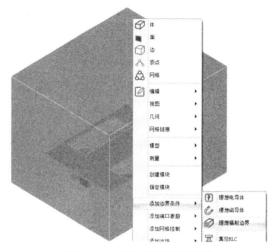

图5-132　添加理想辐射边界

5.4.8　仿真求解

5.4.8.1　求解

完成上述任务后，用户可以选择"分析"→"验证设计"选项，验证模型设置是否完整，如图5-133所示。

下一步，选择"分析"→"求解设计"选项，启动仿真求解器分析模型。用户可以利用任务显示面板查看求解过程，包括进度和其他日志信息，如图5-134所示。

图5-133　验证仿真模型的有效性

图5-134　查看仿真任务进度信息

5.4.8.2　S参数显示

仿真结束后，用户可以查看模型的不同频率的SYZ参数。在工程管理树中，Rainbow系列软件会把这些新增的结果显示添加到"结果显示"目录下。选择工程管理树的"结果显示"目录点并单击鼠标右键，然后在弹出的快捷菜单中选择"SYZ参数图表"→"2维矩形线图"选项，如图5-135所示，并在如图5-136所示的对话框中输入相应的控制参数来查看模型的S参数分布结果。

图5-135　创建2维矩形线图

第 5 章　Layout 仿真实例

图 5-136　设置 S 参数图表

方案：[6]　　　　　　　　　类别：SYZ-Parameter
项：S　　　　　　　　　　　函数：dB20
In：P1:1　　　　　　　　　 Out：P1:1

设置完成后，单击"新增图表"按钮，S 参数曲线结果如图 5-137 所示。

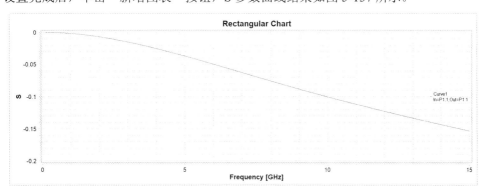

图 5-137　S 参数曲线结果

思考与练习

（1）ODB++ Inside 的导出流程是什么？
（2）Layout 模块的仿真过程。
（3）在进行 PCB 切割时需要注意哪些问题？
（4）如何设置差模端口和共模端口？

第 6 章 SBR 仿真实例

6.1 概述

Rainbow-SBR 模块基于弹跳射线追踪算法,结合高频物理和几何光学,考虑几何表面反射、透射、绕射和爬波等电磁效应;应用射线追踪的多次反射准确分析超电大尺寸目标的电磁特征。Rainbow-SBR 模块可以用于分析复杂环境下的电磁传播特性、平台天线的布局优化设计、天线之间的互相耦合干扰、电磁暗室布局等。

Rainbow Studio 软件的 SBR 模块考虑了光线追踪表面的多层媒质、金属、阻抗、吸波材料等各类边界条件;支持复杂地形环境下的电磁效应分析,可以准确预测电磁信号的传播路径损耗等;支持电磁散射特性,包括单站和双站雷达散射截面、SAR 成像;支持用户自定义射线处理显示;支持多种理想天线模型、外部天线辐射模型和平面波等多种激励。Rainbow-SBR 模块的设计流程如图 6-1 所示。

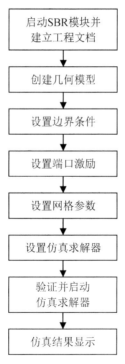

图 6-1 Rainbow-SBR 模块的设计流程

本章介绍 Rainbow-SBR 模块的建模和仿真过程。

6.2 SBR 仿真实例——Cavity

6.2.1 问题描述

本例要分析的器件如图 6-2 所示，通过查看远场图表，介绍 Rainbow-SBR 模块的具体仿真流程，包括建模、求解、后处理等。

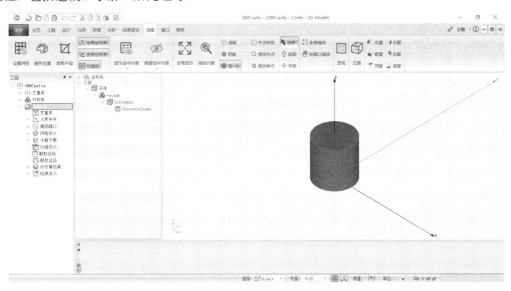

图 6-2 Cavity 模型

6.2.2 系统启动

选择操作系统的"Start"→"Rainbow Simulation Technologies"→"Rainbow Studio"选项，在弹出的"产品选择"对话框中选择产品模块，如图 6-3 所示，启动 Rainbow-SBR 模块。

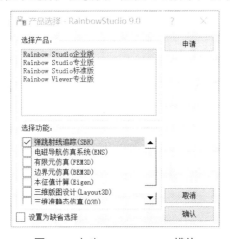

图 6-3 启动 Rainbow-SBR 模块

6.2.3 创建 SBR 文档与设计

如图 6-4 所示，选择"文件"→"新建工程"→"Studio 工程与 SBR 模型"选项，创建新的文档，其中包含一个默认的 SBR 设计。

图 6-4 创建 SBR 文档与设计

在弹出的对话框中，修改设计的名称为 Cavity，如图 6-5 所示。

选择"文件"→"保存"选项或按 Ctrl+S 组合键以保存文档，将文档保存为 SBRCavity.rbs 文件。保存后的 SBRCavity 工程管理树如图 6-6 所示。

图 6-5 修改设计的名称　　　　　　图 6-6 保存后的 SBRCavity 工程管理树

6.2.4 创建几何模型

用户可以通过"几何"选项卡下的各个选项从零开始创建各种三维几何模型，包括坐标系、点、线、面和体。

6.2.4.1 设置模型视图

如图 6-7 所示，选择"设计"→"长度单位"选项，在如图 6-8 所示的"模型长度单位"对话框中修改长度单位为 m。单击"确认"按钮关闭对话框。

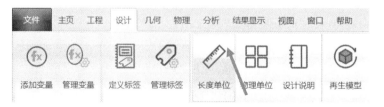

图 6-7 修改长度单位

图 6-8 设置模型长度单位

6.2.4.2 设置变量

选择"工程"→"管理变量"选项,打开"工程变量库"对话框,如图 6-9 所示,单击"增加"按钮,依次添加变量,添加完成后单击"应用"按钮,再单击"确认"按钮即可完成变量的添加操作。

图 6-9 设置模型变量

变量 1
名称:freq
表达式:0.3

变量 2
名称:lambda
表达式: c0/freq/1e9

6.2.4.3 设置材料

在工程管理树中选择"材料库"目录,然后单击鼠标右键,在弹出的快捷菜单中选择"管理材料"选项,如图 6-10 所示,打开"选择/编辑工程库材料"对话框。

图 6-10 打开"选择/编辑工程库材料"对话框

如图 6-11 所示,单击"增加"按钮,为工程添加新的材料,具体设置如图 6-12 所示。

图 6-11 "选择/编辑工程库材料"对话框

图 6-12 添加新材料

名称：material1

Relative Permittivity：2.2　　　　　　Relative Permeability：1

Magnetic LossTangent：0　　　　　　Dielectric LossTangent：0.003

Bulk Conductivity：0

6.2.4.4　创建圆柱体几何对象

选择"几何"→"圆柱体"选项，创建圆柱体，如图 6-13 所示，用户可以在模型视图窗口中按照如图 6-14 和图 6-15 所示的操作用鼠标创建圆柱体。

第 6 章 SBR 仿真实例

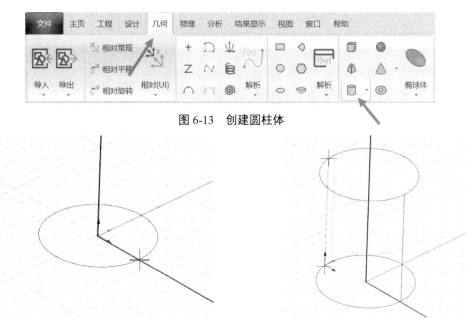

图 6-13 创建圆柱体

图 6-14 用鼠标拉出圆柱体的半径　　图 6-15 用鼠标拉出圆柱体的高度

选择对象的创建命令"CreateCylinder",在如图 6-16 所示的"属性"对话框中输入相应的属性参数。

图 6-16 修改圆柱体对象的几何尺寸

X: 0　　　　　　　　　　　　　　坐标轴:Z
Y: 0　　　　　　　　　　　　　　半径:lambda
Z: 0　　　　　　　　　　　　　　高度:2*lambda

6.2.5 仿真模型设置

接下来,需要为几何模型设置各种相关的物理特性,包括模型的边界条件、网格参数等。

| 339

6.2.5.1 设置边界条件

创建几何模型后,用户可以为几何模型设置边界条件。在工程管理树中,Rainbow系列软件会把这些新增的边界条件添加到"边界条件"目录下。将选择模式修改为面选模式,如图6-17所示。

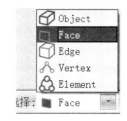

图6-17 修改选择模式为面选模式

此时选择的对象为某一平面,选择创建的圆柱体的顶面,然后单击鼠标右键,在弹出的快捷菜单中选择"添加边界条件"→"孔径窗口"选项,如图6-18所示。

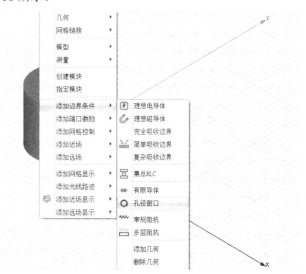

图6-18 添加孔径窗口

选择圆柱体的圆柱面,然后单击鼠标右键,在弹出的快捷菜单中选择"添加边界条件"→"多层阻抗"选项,如图6-19所示。

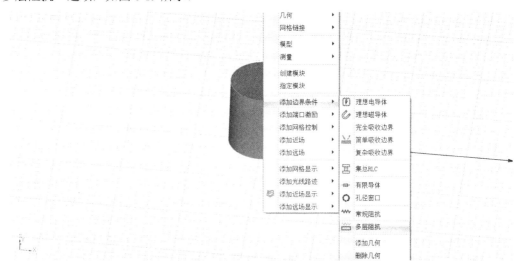

图6-19 添加多层阻抗

在"阻抗边界"对话框中,单击"插入"按钮,然后双击某一参数,可以对其进行修改,多层阻抗的设置如图 6-20 所示。

图 6-20 多层阻抗的设置

厚度/类型:0.2   材料:material1

选择圆柱体的底面,然后单击鼠标右键,在弹出的快捷菜单中选择"添加边界条件"→"理想电导体"选项,如图 6-21 所示。

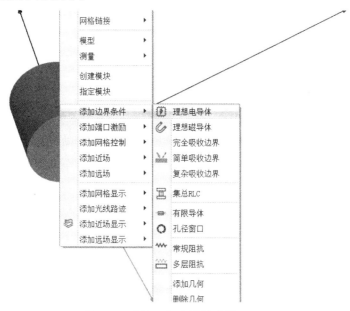

图 6-21 添加理想电导体边界

6.2.5.2 添加端口激励

创建几何模型后,用户可以为几何模型设置各种端口激励方式和参数。在工程管理树中,Rainbow 系列软件会把这些新增的端口激励添加到工程管理树的"激励端口"目录下。

选择"物理"→"平面波"选项,如图 6-22 所示,设置如图 6-23 所示的 E_theta 入射平面波激励。

图 6-22 添加平面波

图 6-23 添加 E_theta 入射平面波激励

Wave Theta   位置
起点:0   X:0
终点:90   Y:0
步进:1   Z:2*lambda

6.2.5.3 添加网格剖分控制参数

几何模型创建好后,用户需要为几何模型及其某些关键结构设置各种全局和局部网格剖分控制参数。在工程管理树中,Rainbow 系列软件会把这些新增的结果显示添加到"网格剖分"目录下。

选择圆柱体的顶面,然后单击鼠标右键,在弹出的快捷菜单中选择"添加网格控制"→"面"选项,如图 6-24 所示。

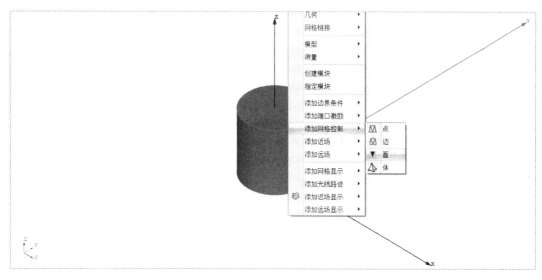

图 6-24　修改圆柱体顶面的网格参数

按照图 6-25 中的内容设置面网格参数。

图 6-25　设置面网格参数

边长：0.025*lambda

选择"网格剖分"→"初始网格"选项，设置如图 6-26 所示的初始网格控制参数。

图 6-26　设置初始网格控制参数

网格大小模式：Normal

其他选项保持默认设置。

6.2.6 仿真求解

6.2.6.1 设置仿真求解器

下一步，用户需要设置模型分析求解器所需的仿真频率及其选项，以及可能的频率扫描范围。在工程管理树中，Rainbow 系列软件会把这些新增的求解器参数和频率扫描范围添加到"求解方案"目录下。选择"分析"→"添加求解方案"选项，如图 6-27 所示，并在如图 6-28 所示的"求解器设置"对话框中修改求解器参数。

图 6-27 添加求解方案操作

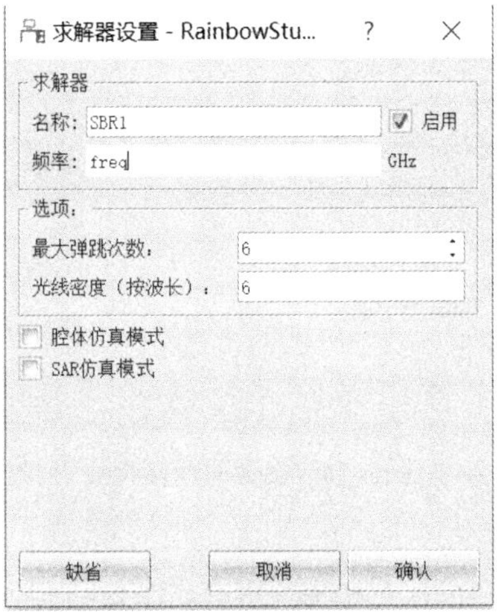

图 6-28 设置求解器参数

频率：freq
最大弹跳次数：6
光线密度（按波长）：6

6.2.6.2 求解

完成上述任务后，用户可以选择"分析"→"验证设计"选项，如图 6-29 所示，验证模型设置是否完整。单击"验证设计"按钮后会出现如图 6-30 所示的对话框。

图 6-29 验证设计操作

图 6-30　验证仿真模型的有效性

下一步，选择"分析"→"求解设计"选项，启动仿真求解器分析模型，如图 6-31 所示。用户可以利用任务显示面板查看求解过程，包括进度和其他日志信息，如图 6-32 所示。

图 6-31　求解设计操作

图 6-32　查看仿真任务进度信息

6.2.7　结果显示

仿真分析结束后，用户可以查看模型仿真分析的各个结果，包括仿真分析所用的网格剖分、本征值、电流分布等。

6.2.7.1　网格显示

用户可以选择某个或多个几何结构，查看它们在仿真分析时设置的网格大小。用户可以选择"物理"→"网格"选项，为选择的几何结构添加网格剖分显示。在工程管理树中，Rainbow 系列软件会把这些新增的结果显示添加到"场仿真结果"目录下。在模型视图或几何树中选择"Cavity"几何对象，然后单击鼠标右键，在弹出的快捷菜单中选择"添加网格显示"→"网格"选项，如图 6-33 所示，并在如图 6-34 所示的对话框中输入相应的控制参数来添加几何网格显示。

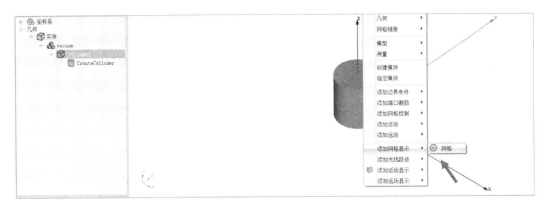

图 6-33 添加网格显示操作

图 6-34 设置网格显示

单击"确认"按钮，完成设置，此时，所选 Cavity 几何对象的网格剖分情况会在模型视图中显示，如图 6-35 所示。

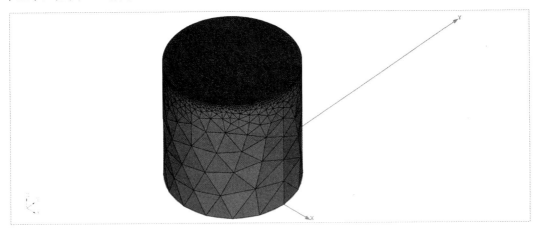

图 6-35 网格剖分情况

6.2.7.2 远场图表显示

仿真结束后，用户可以创建各种形式的视图，包括线图、曲面和极坐标显示、天线辐射图等。在工程管理树中，Rainbow 系列软件会把这些新增的视图显示添加到"结果显示"目录下。选择"结果显示"→"远场图表"→"2 维矩形线图"选项，如图 6-36 所示，并在如图 6-37 所示的对话框中输入相应的控制参数来添加 2 维矩形线图。

第 6 章　SBR 仿真实例

图 6-36　添加 2 维矩形线图

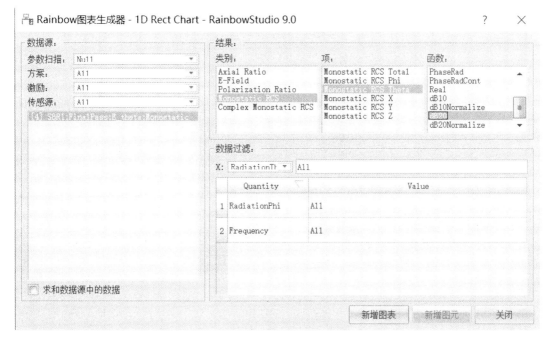

图 6-37　设置图表参数

数据源：[4]

类别：Monostatic RCS

项：Monostatic RCS Theta

函数：dB20

生成的 2 维矩形线图如图 6-38 所示。

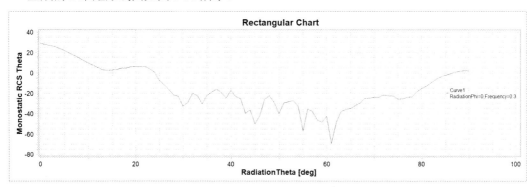

图 6-38　生成的 2 维矩形线图

思考与练习

(1) SBR 模块的建模及仿真过程。

(2) 如何设置多层阻抗？

第7章 ENS 仿真实例

7.1 概述

Rainbow-ENS 模块是基于第 6 章讲述的 Rainbow-SBR 模块,根据特殊应用场景衍生出的针对机场电磁导航、机场建设和飞机飞行校准的应用模块。通过 Rainbow-ENS 模块的使用,用户可以有效地制订机场规划方案(如周边环境设施的建设、天线位置的摆放等)、对飞机的飞行状态进行预测与分析。Rainbow-ENS 模块可应用在飞机导航系统和机场环境分析的教学与工程实现中。Rainbow-ENS 模块的设计流程如图 7-1 所示。

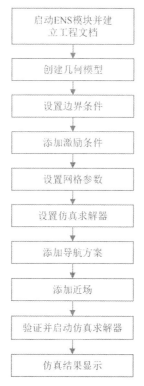

图 7-1 Rainbow-ENS 模块的设计流程

7.2 ENS 仿真实例——Antenna

7.2.1 问题描述

本例要分析的器件如图 7-2 所示,通过查看 ENS 图表,介绍 Rainbow-ENS 模块的具体仿真流程，包括建模、求解、后处理等。

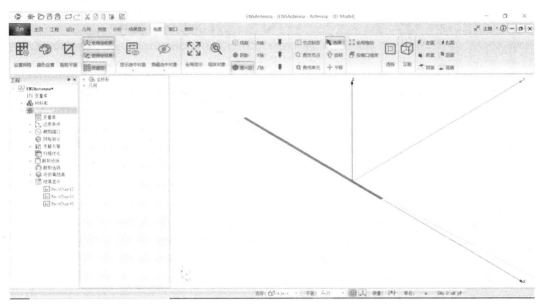

图 7-2　Antenna 模型

7.2.2　系统的启动

选择操作系统的"Start"→"Rainbow Simulation Technologies"→"Rainbow Studio"选项，在弹出的"产品选择"对话框中选择模块，如图 7-3 所示，启动 Rainbow-ENS 模块。

图 7-3　启动 Rainbow-ENS 模块

7.2.3　创建 ENS 文档与设计

如图 7-4 所示，选择"文件"→"新建工程"→"Studio 工程与 ENS 模型"选项，创建新的文档,其中包含一个默认的 ENS 设计。

图 7-4　创建 ENS 文档与设计

如图 7-5 所示,在左边的工程管理树中选择 ENS 设计树节点并单击鼠标右键,然后在弹出的快捷菜单中选择"模型改名"选项,把设计的名称修改为 Antenna。

图 7-5　修改设计的名称

选择"文件"→"保存"选项或按 Ctrl+S 组合键以保存文档,将文档保存为 ENSAntenna.rbs 文件。保存后的 ENSAntenna 工程管理树如图 7-6 所示。

图 7-6　保存后的 ENSAntenna 工程管理树

7.2.4　创建几何模型

用户可以通过"几何"选项卡下的各个选项从零开始创建各种三维几何模型,包括坐标系、点、线、面和体。

7.2.4.1 设置模型视图

如图 7-7 所示,选择"设计"→"长度单位"选项,在如图 7-8 所示的"模型长度单位"对话框中修改长度单位为 m。单击"确认"按钮关闭对话框。

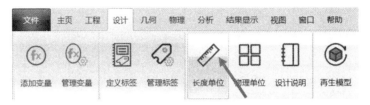

图 7-7 修改长度单位

图 7-8 设置模型长度单位

7.2.4.2 创建长方形

选择"几何"→"长方形"选项,创建长方形,如图 7-9 所示,单击模型视图中的任意位置,开始创建长方形,再次单击完成创建,如图 7-10 所示。

图 7-9 创建长方形

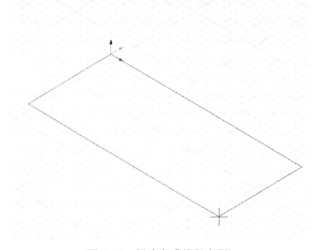

图 7-10 创建完成的长方形

选择对象的创建命令"CreateRectangle",用户可以在如图 7-11 所示的"属性"对话框中修改相应的命令属性参数。

图 7-11　修改长方形的属性参数

X：-2200　　　　　　　　　　　坐标轴：Z
Y：-22.5　　　　　　　　　　　长度：2800
Z：0　　　　　　　　　　　　　宽度：45

创建好的长方形对象如图 7-12 所示。

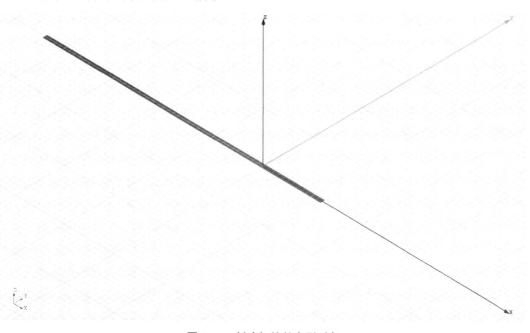

图 7-12　创建好的长方形对象

7.2.4.3 创建局部坐标系

选择"几何"→"相对"选项，如图 7-13 所示。打开"局部坐标系"对话框，在此修改局部坐标系的参数。

图 7-13 打开"局部坐标系"对话框　　图 7-14 修改局部坐标系的参数[①]

单击"绕 Y 轴旋转"按钮，修改旋转角度为"-3"，如图 7-15 所示。

图 7-15 修改旋转角度

修改旋转角度之后，"笛卡尔角度"选项卡中的参数如图 7-16 所示。

注：①软件图中的"笛卡尔角度"的正确写法为"笛卡儿角度"。

图 7-16 旋转后的"笛卡尔角度"选项卡

单击"确认"按钮完成设置。

7.2.4.4 创建直线段

选择"几何"→"直线段"选项,如图 7-17 所示,在模型视图中的任意位置创建直线段,如图 7-18 所示。

图 7-17 创建直线段操作

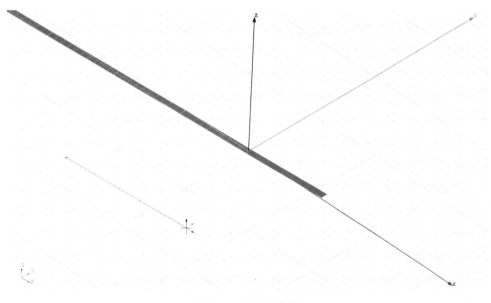

图 7-18 创建直线段

双击直线段对象 Polyline1，打开"几何"对话框，将直线段 Polyline1 修改为非几何模式，如图 7-19 所示。

修改完成后，几何树中会出现"非几何模型"目录，直线段"Polyline1"就被保存在"非几何模式"目录下，如图 7-20 所示。

图 7-19 修改为非几何模式

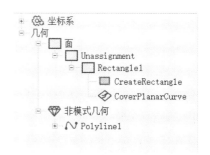
图 7-20 非几何模式

双击直线段创建命令"CreateLine"，在"属性"对话框中修改直线段的参数，如图 7-21 所示。

图 7-21 修改直线段的参数

Point1
X：-4000
Y：0
Z：0

Point 2
X：4000
Y：0
Z：0

创建好的几何模型如图 7-22 所示。

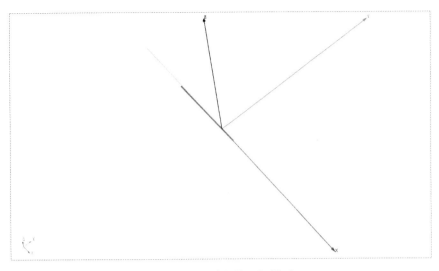

图 7-22　创建好的几何模型

7.2.5　仿真模型设置

接下来，需要为几何模型设置各种相关的物理特性，包括模型的边界条件、网格参数等。

7.2.5.1　设置边界条件

创建几何模型后，用户可以为几何模型设置各种材料。在几何树中选择长方形"Rectangle1"对象，然后单击鼠标右键，在弹出的快捷菜单中选择"添加边界条件"→"理想电导体"选项，如图 7-23 所示。

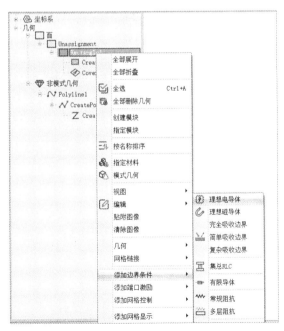

图 7-23　添加理想电导体边界

7.2.5.2 添加激励

创建几何模型后,用户可以为几何模型设置各种端口激励方式和参数。在工程管理树中,Rainbow 系列软件会把这些新增的端口激励添加到工程管理树的"激励端口"目录下。

选择"物理"→"辐射波"选项,如图 7-24 所示,并按照如图 7-25 所示的设置添加 CSB 辐射波。

图 7-24 添加辐射波

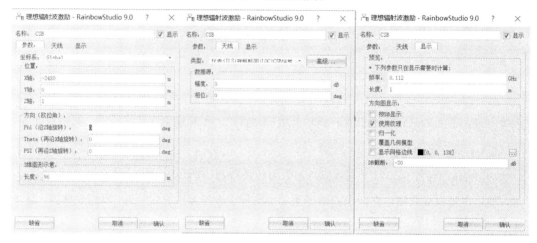

图 7-25 添加 CSB 辐射波

名称:CSB

X 轴:−2480

Y 轴:0

Z 轴:1

类型:仪表(ILS)导航航向(LOC)CSB 信号

幅度:0

相位:0

频率:0.112

长度:1

按照上述方法再次添加辐射波,然后按照如图 7-26 所示的设置添加 SBO 辐射波。

名称:SBO

X 轴:−2480

Y 轴:0

Z 轴:1

类型:仪表(ILS)导航航向(LOC)SBO 信号

幅度：0

相位：0

频率：0.112

长度：1

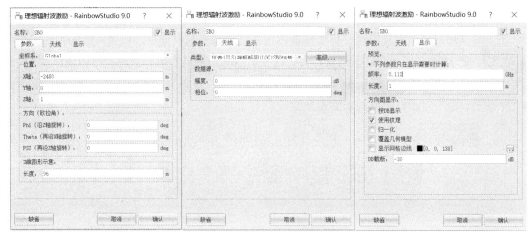

图 7-26　添加 SBO 辐射波

7.2.5.3　设置网格剖分控制参数

几何模型创建好后，用户需要为几何模型及其某些关键结构设置各种全局和局部网格剖分控制参数。在工程管理树中，Rainbow 系列软件会把这些新增的结果显示添加到"网格剖分"目录下。选择"物理"→"初始网格"选项，如图 7-27 所示，并在如图 7-28 所示的"初始网格设置"对话框中设置参数。

图 7-27　选择初始网格设置

图 7-28　设置初始网格剖分控制参数

网格大小模式：Custom　　　　　　　　平均：10

7.2.6 仿真

7.2.6.1 设置仿真求解器

下一步，用户需要设置模型分析求解器所需的仿真频率及其选项，以及可能的频率扫描范围。在工程管理树中，Rainbow 系列软件会把这些新增的求解器参数和频率扫描范围添加到"求解方案"目录下。选择"分析"→"添加求解方案"选项，如图 7-29 所示，并在如图 7-30 所示的"求解器设置"对话框中修改求解器参数。

图 7-29　添加求解方案操作

图 7-30　"求解器设置"对话框

仿真频率：0.112
最大弹跳次数：4
光线密度（按波长）：4

7.2.6.2 添加近场

选择"Polyline1"对象，然后单击鼠标右键，在弹出的快捷菜单中选择"添加近场"→"线段"选项，如图 7-31 所示。近场线段设置如图 7-32 所示。

名称：下滑道

几何

名称：RelativeCS1

坐标轴：X

线段

长度：20000

数目：101

图 7-31　添加近场线段

图 7-32　近场线段设置

7.2.6.3　添加导航方案

在工程管理树中选择"Antenna"对象，然后单击鼠标右键，在弹出的快捷菜单中选择"导航方案"选项，如图 7-33 所示，导航方案的设置如图 7-34 所示。

图 7-33　设置导航方案

图 7-34　导航方案的设置

激励（CSB）：CSB   激励（SBO）：SBO

7.2.7 求解

完成上述任务后，用户可以选择"分析"→"验证设计"选项，如图 7-35 所示，验证模型设置是否完整。单击"验证设计"按钮后会出现如图 7-36 所示的对话框。

图 7-35 验证设计操作

图 7-36 验证仿真模型的有效性

下一步，选择"分析"→"求解设计"选项，启动仿真求解器分析模型，如图 7-37 所示。用户可以利用任务显示面板查看求解过程，包括进度和其他日志信息，如图 7-38 所示。

图 7-37 求解设计操作

图 7-38 查看仿真任务进度信息

在"散射近场"目录下可以找到添加的"下滑道"对象，选中它并单击鼠标右键，然后在弹出的快捷菜单中选择"计算（导航）"选项，如图 7-39 所示。

图 7-39　选择"计算（导航）"选项

7.2.8　结果显示

仿真分析结束后，用户可以查看模型仿真分析的各个结果，包括仿真分析所用的网格剖分、本征值、电流分布等。在工程管理树中，Rainbow 系列软件会把这些新增的结果显示添加到"结果显示"目录下。选择工程管理树中的"结果显示"目录并单击鼠标右键，然后在弹出的快捷菜单中选择"ENS 图表"→"2 维矩形线图"选项，如图 7-40 所示，并在如图 7-41 所示的对话框中输入相应的控制参数。

图 7-40　打开 2 维矩形线图

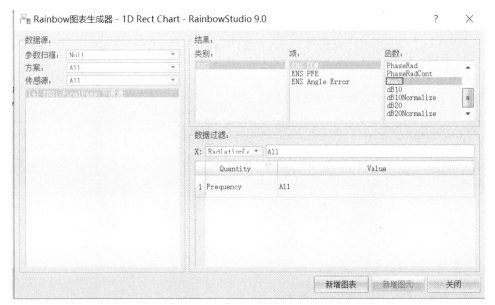

图 7-41　2 维矩形线图设置

数据源：[4] 类别：ENS
项：ENS DDM 函数：Real

2 维矩阵形线图的显示结果如图 7-42 所示。

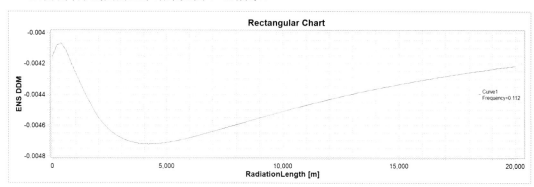

图 7-42　2 维矩形线图的显示结果

 思考与练习

（1）ENS 模块的建模及仿真过程。

（2）如何添加导航方案？需要注意哪些问题？